U0239432

乡村规划建设

（第1辑）

江苏省住房和城乡建设厅　主编

商务印书馆
The Commercial Press
创于1897

2013 年 · 北京

图书在版编目（CIP）数据

乡村规划建设（第1辑）/江苏省住房和城乡建设厅主编. —北京：商务印书馆，2013

ISBN 978 - 7 - 100 - 10092 - 2

Ⅰ. ①乡…　Ⅱ. ①江…　Ⅲ. ①乡村规划-江苏省-丛刊

Ⅳ. ①TU982.295.3-55

中国版本图书馆 CIP 数据核字（2013）第 140463 号

乡村规划建设（第1辑）

江苏省住房和城乡建设厅　主编

商 务 印 书 馆 出 版

（北京王府井大街36号　邮政编码 100710）

商 务 印 书 馆 发 行

北京瑞古冠中印刷厂印刷

ISBN 978 - 7 - 100 - 10092 - 2

2013 年 8 月第 1 版　　　开本 787×1092　1/16

2013 年 8 月北京第 1 次印刷　　印张 9¼

定价：28.00 元

吴良镛先生题序

国家最高科技奖获得者
中国科学院院士
中国工程院院士
清华大学建筑学院教授
清华大学建筑与城市研究所所长
清华大学人居环境研究中心主任

人居环境科学的地方实践，亦是美丽中国的现实探索。

吴良镛

二〇一三年春

于北京清华园

《乡村规划建设》题序

乡村，是人居环境的重要组成，中国数千年的农耕文明造就了乡村特有的物质景观和文化意境，但较之于城市我们对乡村的认识和理解还极为肤浅，尤需深入的调查和系统的研究。江苏近年围绕乡村人居环境所行之乡村调查，村庄环境整治的实践，乡村建设的学术探讨，院堂富了

乡村，是人居环境的重要组成，中国数千年的农耕文明造就了乡村特有的物质景观和文化意境，但较之于城市我们对乡村的认识和理解还极为肤浅，尤需深入的调查和系统的研究。江苏近年围绕乡村人居环境所行之乡村调查，村庄环境整治的实践，乡村建设的学术探讨，既丰富了人居环境科学的地方实践，亦是美丽中国的现实探索。

吴良镛

2013 年春于北京清华园

序　言

精心规划建设　让城乡差别化互补协调发展

乡村是人类最古老的聚落形式。而作为有着悠久农耕文明历史的中国，乡村不仅是一种有别于城市的景观、一种生产和生活方式，更是人们内心深处的精神家园，是传统文化的根基所在。

中国的城镇化走过了 30 年快速发展的历程，其成就举世瞩目。城镇化的发展一方面为中国整个经济社会的发展注入了强大的动力，使城市的面貌发生了巨大的变化，同时也形成了一种思维定势，即城市是先进的，农村也得按照城市的模式来改造和建设，甚至有一些地方还提出了消灭农村的口号。但是，城镇化的目的绝不是消灭农村，而是实现城乡的协调发展。100 多年前，现代城市规划学的奠基人，英国社会学家霍华德曾经说过："城市和农村必须结为夫妇，这样一个令人欣喜的结合将会萌生新的希望、焕发新的生机、孕育新的文明。"所以他提出了田园城市的概念，为了如何让城市与农村和谐发展。霍华德的这段论述隐含这么一个概念：城乡本质上是有区别的。因此，必须认真探索一条城乡差别化规划建设、互补协调发展的路子。互补才能协调发展，协调的前提是差别，差别就意味着要以农民长期利益、农业特点和人文历史的角度去看待农村，整治村庄，调动每户农户的积极性，多样化、有差别地、自主地建设新农村。防止以城市的模式去指导村镇建设，以"大拆大建"式的村庄合并来再造"新农村"。

江苏是传统的鱼米之乡，也是我国经济发达和城镇化进程最快的省份之一。近年来，江苏省致力于从城乡规划、产业发展、基础设施、公共服务、就业社保、社会管理等方面推动城乡发展一体化。2011 年以来，又以实施"江苏美好城乡建设行动"，全面推进村庄环境整治、普遍改善乡村人居环境为切入点，统筹城乡规划建设，取得了可喜的成绩。江苏在推进实践创新的同时，积极开展乡村规划建设理论探讨，对于推动相关领域研究从以城市为中心向乡村拓展，探索符合乡村实际、反映当代农民意愿的乡村规划建设模式，进而科学推进城乡发展一体化的实践具有非常重要的现实意义和学术价值。

故欣然为之序。

住房和城乡建设部副部长

仇保兴　博士

2013 年 2 月 18 日

目　录

小村庄大战略

——推动城乡发展一体化的江苏实践

周岚 于春 何培根

摘 要 十八大报告提出，城乡发展一体化是解决"三农"问题的根本途径。受中国城乡二元结构的深刻影响，中国城市和乡村的规划和建设管理也存在着巨大差异，对城市研究多，对乡村认知少。要改变这一现状，要从理解城乡关系、掌握乡村现状、了解农民意愿做起，需要理论界和实践者的共同努力。本文在回顾中国乡村现代化历程、借鉴国外推进乡村发展经验的基础上，系统介绍了江苏乡村农民意愿调查和村庄环境整治实践，由江苏实践提出了"小村庄大战略"——乡村人居环境改善是推进城乡发展一体化的有力抓手和有效举措，同时提出了对中国乡村规划建设的反思——"小村庄大学问"，希望引发更多同行学者的关注，共同为改变中国城乡二元结构、推进城乡发展一体化做出我们行业的贡献。

关键词 城乡发展一体化；乡村现代化；乡村规划建设；江苏；村庄环境整治

1 引言

十八大报告提出：城乡发展一体化是解决"三农"问题的根本途径，要求促进新型工业化、信息化、城镇化、农业现代化同步发展，并提出了建设"美丽中国"的愿景和"全面建成小康社会"、建设"现代化国家"、"两个百年"的奋斗目标。乡村的发展，既关系着城乡发展一体化的推进和"三农"问题的解决，也关系着"四化"同步发展的进程，还是"美丽中国"的重要组成部分，是"全面建成小康社会"和"现代化国家"的必然要求。

城乡发展一体化战略的实施旨在破解中国城乡二元结构。中国城乡二元结构的形成有着深厚的历史背景，其影响广至政治经济社会各领域，深至利益格局调整和体制机制安排。因此，推进城乡发展一体化具有相当大的难度和复杂性，是一个长期的渐进过程，必须找准切入点，从农民群众需求最迫切的、反映最强烈的问题入手，使城乡发展一体化取

作者简介

周岚，江苏省住房和城乡建设厅厅长，研究员级高级规划师；

于春，江苏省城市发展研究所高级规划师；

何培根，江苏省城市发展研究所规划师。

得突破性进展。

城乡发展一体化的推进需要全国各地的探索实践和不懈努力，江苏作为中国经济社会的先发地区，有责任、有义务先行先试。2012 年江苏人均 GDP 超过 1 万美元，二三产业比重超过 93%，城镇化率达到 63%，高出全国平均水平 10 个百分点。近年来，江苏探索推进在"城乡规划、产业发展、基础设施、公共服务、就业社保、社会管理"六个方面的城乡发展一体化，取得了积极进展，特别是 2011 年以来以"江苏美好城乡建设行动"为抓手，以统筹城乡规划建设为有效途径，以全面推进村庄环境整治、普遍改善乡村人居环境为切入点，取得了显著成效，至 2012 年底江苏已有 6.49 万个村庄①完成村庄环境整治工作，另有近 1 万个村庄正在实施整治。已实施整治的村庄环境面貌明显改善，规划布点村庄公共服务水平稳步提升，得到基层干部和农民群众的广泛欢迎，在江苏 2012 年公共服务满意度民意调查中，村庄环境整治满意率位居第一，达到 87.3%。

为针对性地做好江苏村庄环境整治工作，江苏开展了"乡村人居环境改善农民意愿调查"和"乡村特征调查和村庄特色塑造策略研究"，组织了"江苏设计大师乡村行"，并发动全省城乡规划、建筑园林设计以及市政环境工程等专业机构和研究单位开展"结对村庄帮扶"活动，发挥专业人才对乡村规划建设的技术指导作用，希望通过一系列的专业推动，在提高村庄环境整治水平和成效的同时，增加规划师、设计师、工程师对当代中国乡村和农民的深入了解，促进全行业共同探索适合乡村特点、反映农民需求的乡村规划建设模式和方法。

2 中国乡村现代化历程回顾

中国自古以农立国，有着悠久的农耕文明传统，乡土社会是中国社会的根基。在中国这样一个农村人口占大多数的国家进行现代化建设，如果忽略了乡村现代化，那么中国想通过现代化跻身世界发达国家之林是不可能的（陆学艺，1998）。乡村也是中国现代化的短板，中国现代化的关键在乡村现代化，其难点也在乡村现代化。中国乡村现代化的实践和努力始于近现代。1840 年鸦片战争打破了中国长期固步自封的格局，迫使中国走向现代世界（罗荣渠，1993）。清戊戌维新时期对国外先进农用工具和生产技术的引进、设立农业实验场和新式农垦公司等举措，被视为是中国乡村现代化迈进的第一步（陈光金、王春光等，1996）。19 世纪末至 20 世纪初张謇的"村落主义"及其在南通"经营乡里"的举措也促进了中国传统乡村向现代化方向的实践迈进。

回顾中国乡村现代化的发展历程，有四个关键时期：

一是民国乡村现代化建设运动时期。在 20 世纪 20—30 年代，以梁漱溟、晏阳初、陶行知、黄炎培等为代表的一批知识分子为改变农村经济状态，拯救农民于水火之中，从乡村社会重构、农业改良、兴办教育、提倡合作与地方自治等方面进行了具体实践，并创造出"邹平模式"、"定县模式"以及"北碚模式"等一批乡村建设实验区（高瑞泉，1996）。当时梁漱溟指出"救济乡村便是乡村建设的第一层意义；至于创造新文化，那便是乡村建设的真意义所在"。受限于当时历史背景与经济条件，乡村建设运动最终还是趋于失败，但其促使中国乡村由传统农业社会向现代化社会转型的社会改良实验，是使农村汇入现代文明潮流、推动乡村乃至全社会走向现代化的一次可贵尝试（费孝通，1986）。

二是新中国成立后人民公社化时期。1958年，中国在农业合作化的基础上实施人民公社制度，改造传统的小农经济。这一时期的人民公社、产品统购统销制度、户籍制度，为中国在短期内建立相对完整的国民经济体系和工作体系做出了积极贡献（辛逸，2001）的同时，也导致农业长期低效率运行，农村面貌长期得不到改善，农民收入水平极低等突出问题，阻滞了中国现代化尤其是农村现代化的进程（陆学艺，1998）。

三是改革开放后乡镇工业化时期。以家庭联产承包责任制为代表的一系列改革，恢复了乡村的活力，引发了乡村社会经济面貌的巨大变化。这一时期，乡镇企业异军突起，加速了乡村城镇化进程，形成了一批颇具地域特色的"苏南模式"、"温州模式"以及"珠三角模式"等。这种将传统上以农业为基础的农村改造为工农结合的农村现代化模式，不仅将先进的工业文明与传统农村本身所具有的社会潜力有机地结合在一起，还使得乡村发展成为现代化的重要组成部分，为该阶段乡村发展提供了一种理想而又现实的模式（费孝通，1986）。

四是21世纪以来城乡发展一体化探索时期。这一时期，中国工业化进入中期发展阶段，开始探索"以工补农、以城带乡"的新型城乡关系。自十六大报告提出"统筹城乡经济社会发展"以来，各地进行了积极多元的探索。如江苏以城乡规划、产业发展、基础设施、公共服务、就业社保、社会管理"六个一体化"推进城乡统筹；上海从规划、经济、交通、资源配置、生态环境、科学技术、社会保障等十个方面，促进城乡融合；浙江、广东通过实行"农民工居民居住证制度"等努力提高进城农民的市民待遇等等。从各地实践看，推进城乡发展一体化已成为全面建设小康社会、推进现代化建设的基本走向和重要特征。

3　他山之石的启示

在回顾中国乡村现代化发展历程的基础上，有必要借鉴已基本完成工业化、城市化、现代化进程的西方发达国家促进乡村发展的实践，寻求有益于中国推动乡村现代化建设和城乡发展一体化的经验和启示。

3.1 德国：我们的乡村应更美丽

19世纪初期，德国开始了从农业社会向工业社会的转型，乡村也随之发生了深刻的变革。在此过程中，村庄更新作为改善乡村生活条件的基本手段起着举足轻重的作用。20世纪60年代，德国村庄更新主要着重于村庄基础设施和公共服务设施的改善。但由于这一阶段村庄的公共补贴资金主要用于大规模建筑物拆除工程和街道扩建，导致了德国乡村诸多历史性建筑快速消失，乡村特色湮灭。据统计，1960—1972年，德国村庄5%—10%的传统建筑消失了（Habbe C., Landzettel W., 1994）。为扭转这一趋势，20世纪80年代初期，德国开展了"我们的乡村应更美丽"行动，对乡村原有形态和自然环境、聚落结构和建筑风格、村庄内部和外部交通等，按照保持乡村特色和自我更新的目标进行合理规划与建设。更新后的村庄不再是城市的复制品，而是有着自身特色和较强自我发展潜力的村落。

3.2 英国："乡村中心居民点"政策

英国政府长期注重从政策层面消除城乡差别，战后英国乡村规划政策的核心是乡村的发展与保护（叶齐茂，2008），其中，"乡村中心居民点"政策（Key Settlement Policy）对推动乡村地区更新和发展起了巨大作用。该政策的主要目标有两个方面：一是逐步把大部分乡村人口迁移到城镇体系中，同时在较大的村庄中建设完善的基础设施和公共服务设施，提高乡村居民的生活标准；二是利用规划控制住宅、生产建筑的无序建设，节约政府对乡村基础设施和公共设施的投资管理成本。通过推进"乡村中心居民点"建设、改善乡村住宅、建设完善的基础设施和公共服务设施，实现了"乡村中心居民点"在经济、社会和教育机会上与城镇的基本相近。

3.3 日本：村镇综合建设示范工程

20世纪70年代，日本进入社会经济高速增长期，农村青壮劳动力不断涌向城市，农村相应出现了产业衰退、空心化等问题。为解决这些问题，日本启动了"村镇综合建设示范工程"，旨在改善农村生活环境，调整农村产业结构，增强乡村发展活力。村镇综合建设规划是村镇发展的总体规划，内容包括村镇综合建设构想、建设规划、地区行动计划等内容，其主旨思想随着示范的不断深入推进进行过多次调整，以适应不同时期乡村经济社会的发展变化（表1）。

表1　日本村镇综合建设规划主旨思想的演变

阶　段	主旨思想
第一阶段（1973—1976年）	缩小城乡生活环境设施建设的差距
第二阶段（1977—1981年）	建设具有地域特色的农村定居社会
第三阶段（1982—1987年）	地区居民利用并参与管理各种设施
第四阶段（1988—1992年）	建设自立而又具有特色的区域
第五阶段（1993—）	利用地区资源，挖掘农村的潜力，提高生活舒适性

资料来源：有田博之、王宝刚："日本的村镇建设"，《小城镇建设》，2002年第6期。

3.4　韩国：新村运动

20世纪70年代，韩国针对城乡矛盾加剧、工农业发展失衡等问题发起了"新村运动"，目标是推动农业的转型和农村的现代化。"新村运动"的初始阶段着重于农村公共环境的改善，韩国政府根据农民需要，无偿提供近20种环境建设项目费用与物资，如修筑河堤、桥梁、村级公路等基础设施，改善饮水条件和住房等生活设施（图1）。随后，新村运动注重进一步提高农民的居住环境和生活质量，如修建村民会馆、自来水设施、生产公用设施、新建住房和发展多种经营等。再随后更加关注乡村社区自我管理能力建设。通过持续的努力，韩国新村运动取得了积极成效，乡村人居环境大幅改善，农业现代化水平大幅提升，农民文化素质随之日渐提高。

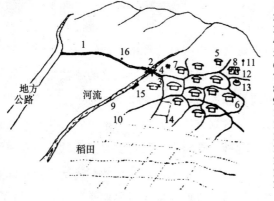

1. 宽阔笔直的进村公路
2. 修建跨河的小桥
3. 宽阔笔直的村内道路
4. 村庄排污系统的改造
5. 瓦房顶取代茅草屋顶
6. 修葺农家的旧围墙
7. 改善传统的饮用水井
8. 村庄会堂的建造
9. 河流堤岸的整修
10. 田地支路的开辟
11. 农村电气化的加速
12. 安装村庄电话
13. 建造村庄浴室
14. 建造儿童活动场所
15. 河边洗衣地方改善
16. 植树、种花环境美化

图1　韩国改善村庄居住环境项目图的主要内容

3.5　几点启示

一是在城市化、现代化进程发展到一定阶段后，多国普遍更为重视乡村发展。其原因一方面是，在快速工业化和城市化过程中，乡村人口、土地、资金等迅速流入非农产业和城市，农业和乡村出现衰退现象，城乡发展差距拉大产生社会矛盾和冲突；另一方面，当工业化、城市化、现代化发展到一定水平时，具备了扶持乡村发展的经济实力和技术支持能力，同时城市发展中的过密化等问题也需要通过振兴农业和乡村来解决，因此就更为注重城乡协调发展对经济、社会与生态的作用。

二是乡村发展是一项多措并举的综合策略，包括乡村产业振兴、人居环境改善、文化保护复兴以及制度建设安排等，但其中改善乡村居住环境和基础设施条件都是各国普遍的选择，即从物质环境的改善切入推动经济社会发展和文明程度的提高。相较于经济、政治、思想等领域，物质空间是政府能够有效推动、并在相对短时期内发生显著改变的一大要素，乡村空间又尤其如此（王红扬，2012）。从国际实践经验看，乡村物质空间的改善还能够促进各种社会经济要素在城乡间的流动和优化重组，具有引导城乡生产力布局优化、城乡资源配置整合和高效利用等深层次的延伸效应。

三是各国乡村人居环境的改善都是从农民最急需、最直接受益的居住条件和基础设施、公共服务设施改善入手，对此仇保兴先生（2010）指出，乡村建设应该从看得见、摸得着和真正使农民得到实惠的人居环境来抓起。人与环境是相互联系相互影响的，环境好了，文明程度才能够提高。典型的例子是韩国新村运动，初期以政府支持硬件建设为主，在设施改善和生活环境提升后，则强调通过"农村精神启蒙"引导农民素质提升，调动农民自主性，增强农民家园归属感和自我管理能力。

4   江苏乡村农民意愿调查

正如费孝通先生所言，农村中蕴含着中国社会经济变迁的一切基因，深入了解农村不仅有利于把握农村特征，也有利于全面正确地了解中国社会的特征和城乡关系。同时，农民作为村庄的主体，村庄的规划建设和人居环境改善必须反映他们的需求和意愿。对此，汪光焘先生（2012）在讨论城乡统筹规划方法时指出，未来对农村社会的调查除了规划通常所关注的社会经济发展条件和问题外，要重点加强对农民意愿的了解和关注。

为深入了解当前江苏农民对于乡村人居环境的现状认知和未来愿望，江苏省住房和城乡建设厅在全省组织开展了"乡村人居环境改善农民意愿调查"。调查选择了江苏13个省辖市283个不同地域文化、地形条件、发展水平、现状基础、产业结构、离城镇距离等要素各异的样本村庄（图2、图3），每个村庄选择不同家庭结构和收入水平的20户农民家庭开展"一对一、面对面"的深度调查和访谈。根据对调查数据的整理，可以得出如下初步结论。

图 2　江苏乡村调查样本村庄空间分布

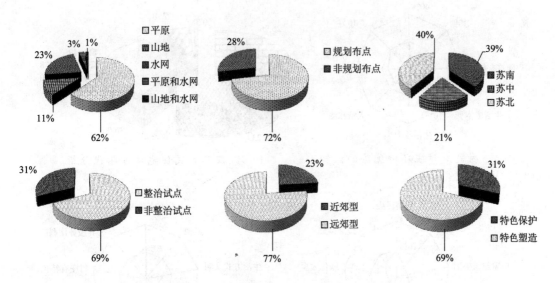

图 3　江苏乡村调查样本村庄类型分布

4.1 乡村仍是对江苏当代农民有独特吸引力的人居类型

65.51％的受访村民表示，如果居住环境得到改善，仍然愿意留在农村生活居住。村民对乡村的认同主要在于空气好、环境好、绿化好、"人情味浓"（图4）。

4.2 未来江苏乡村人居环境改善的需求重点在于村庄环境建设和公共服务，而非农房本身

调查显示，江苏90％以上的农房是1979年以后建造的，1949年以前和1949—1978年建造的住宅仅分别占0.78％和5.98％（图5），这一比例在苏南地区更高。因此，江苏农民对人居环境的改善需求并非聚焦于农房，而是和村庄环境密切相关的垃圾处理、河塘清理以及公共活动场地、公共服务设施提供等（图6）。

4.3 江苏村民普遍对全省正在推进的"村庄环境整治"具有较高期待

调查显示，村民对村庄环境整治可能带来的改善和成效持积极的态度，认为村庄环境整治可以使"居住条件改善"（23.35％）、"公共服务便利"（16.98％）、"村庄有特色"（13.78％）、"生活方式文明"（12.83％）（图7）。

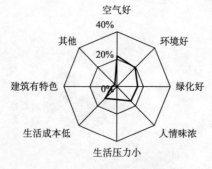

图4 村民对村庄环境优势的认知

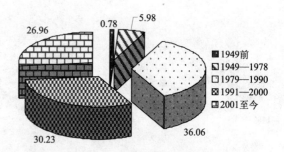

图5 江苏农民住宅建造年代分析

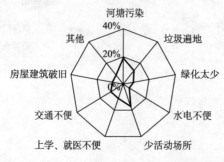

图6 村民对乡村人居环境改善的意愿

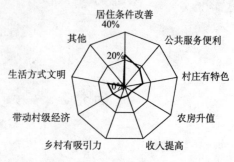

图7 村民对村庄环境整治成效的认知

4.4　江苏农民对参与村庄环境整治具有较强的主体意识

调查显示：农民主动参与的愿望比原定的预期要高，受访村民中选择愿意"出力"的占 37.98%，愿意"参与维护管理"的占 35.80%，选择愿意"出钱"的也占一定比例（图8），侧面反映出农民对乡村人居环境改善的迫切需求。

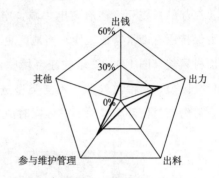

图 8　村民对村庄环境整治的参与意愿

5　江苏村庄环境整治实践

江苏"十二五"村庄环境整治的任务是要全面完成近 20 万个自然村的环境普遍改善，因此是一项富有挑战性的艰巨工作，需要系统谋划、全力推动。在工作中，江苏努力处理好以下六方面关系。

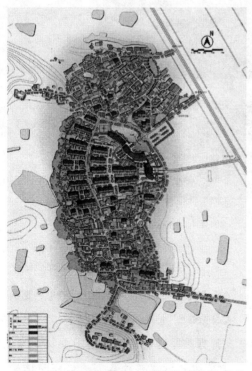

图 9　江苏"规划布点村庄"（溧阳市天目湖镇桂林村）规划总平面图

5.1　尊重农民意愿，走多元化改善道路

充分尊重农民意愿，结合大部分农宅已经改造的省情现状，村庄环境整治不搞大拆大建，在现有自然村格局基础上，走因地制宜、多元化改善道路，既稳步引导规划布点村庄的农民集中居住，也支持既有村庄的环境改善。

5.2　坚持规划引导，分类改善乡村环境

以"江苏城乡规划全覆盖"[②]的重要成果——镇村布局规划为引领，对村庄分类确定整治内容，"规划布点村庄"按照"六整治、六提升"[③]标准推进"康居乡村"建设（图9），非规划布点村庄按照"三整治、一保障"[④]的要求开展"环境整洁村"创建。这样既有利于城镇化进程中农村人口减少的资源合理配置，也有利于在普遍改善全省农民人居环境的同时，提高"规划布点村庄"公共服务水平，提高城乡

空间结构优化的效率。

5.3　突出乡村特色，重塑乡村文化文明

江苏的村庄环境整治突出"城乡空间特色差异化"，注重展示特色迥异的大地景观，努力保持原有山水特征，使水网地区更具水乡风韵，平原地区更具田园风光，丘陵山区更具山村风貌（图10）。要求村庄环境整治区分"古村保护型、自然生态型、人文特色型、现代社区型、整治改善型"不同类型进行分类整治、因村制宜、突出多元、彰显乡村文化，努力使村庄环境整治的过程同时成为乡村特色彰显和文化复兴的过程。

图 10　江苏乡村的多元风貌

5.4　强调循序渐进，逐步深入推进整治

以"点线结合、突出沿线，以线带点、以点促面"的基本思路，优先推进城镇主要出入口附近，高速公路、高速铁路、城际铁路沿线，以及城镇、重点工业园区、省级以上风景名胜区周边和其他重要窗口地带村庄环境整治，发挥典型示范村庄的"提升整体形象，展示阶段成果，增强干群信心"的引领辐射作用，带动所在行政村及其周边村庄整体推进，促进整治工作向纵深推进、向连线连片改善方面发展。

5.5　政府先行推动，带动农民主动参与

在整治初期，强化政府在政策支持、规划引导、资金投入、项目示范、推进监管等方面的职责，加强部门联动和资源整合，形成齐抓共管的推进合力。同时强调充分发挥基层政府的创造性和能动性，鼓励各地因地制宜创新推进工作，深入开展"康居乡村我的家，村庄整治我参加"活动，采取行之有效的措施调动农民群众自身积极性和主动性，引导村民深度参与共建乡村美好家园，共同维护村庄环境整治成果。

5.6　近期整治入手，关注长效机制建立

在通过集中整治解决当前环境突出问题的同时，鼓励各地着手考虑长远、建立符合农村实际、得到农民支持、能够长效运行的村庄环境整治和维护管理机制。如苏州市已经制定出台了《关于加强村庄环境长效管理的实施意见》，推进城乡一体化的大城管格局和管理体制建设，同时，通过村集体经济收入、村民筹资酬劳、县乡财政补助、上级专项资金支持等多途径筹措长效管理经费，努力做到有长效制度、有管护队伍、有资金保障，实现"即治即管"的"无缝衔接"。

6　"小村庄大战略"——由江苏实践引发的思考

从江苏两年来的乡村环境改善实践看，通过村庄环境整治改善乡村人居环境是推进城乡发展一体化的有效举措和有力抓手，具有一举多得的"六小六大"综合效应（图11）。

图11　江苏村庄环境整治前后成效对比

6.1　小村庄，大战略

虽然江苏村庄环境整治的对象是小小的村庄，推动的是具体民生实事，但它事关城乡发展一体化推进的战略大局。目前"村庄环境整治达标率"已被列入江苏全面建设更高质量小康社会、基本实现现代化指标考核体系，成为江苏实现"两个率先"方略的重要组成部分。

6.2　小乡村，大统筹

城乡发展一体化涉及社会经济、生态环境、文化生活、空间景观等多个方面，村庄环境整治推动着整个乡村生产生活生态条件的改善和统筹城乡的基础设施公共服务水平，包括城乡统筹区域供水、城乡生活垃圾处理，多元化的农村生活污水处理，城市公交、公共服务向镇村的延伸等等。

6.3　小环境，大特色

江苏的许多村庄体现了农耕文明时代先人建设人居环境的智慧，小桥流水、农家村落、乡土风情、田园风光，要通过因地制宜的整治，保护展现乡村文明。同时，要注重当代文化发展，使村庄环境整治成为保护乡村文化、促进乡村文化复兴的有效手段，使江苏乡村呈现多姿多彩的"千村万貌"。

6.4　小农家，大市场

根据国家旅游发展规划，"十二五"时期国内乡村游将成为旅游市场增长的主战场。江苏在村庄环境整治的同时，推进"康居乡村特色游"和"康居乡村乐游农家"，通过"千村康居、万户乐游"的示范创建，有望增加超过 500 万人次的乡村旅游，增加农民收入 20 亿元，带动旅游直接收入 30 亿元以及相关产业收入超过百亿元。此外，据初步估算，村庄环境整治的直接投入，包括"规划布点村庄"的公共服务增加和非规划布点村庄的环境改善，将超过 1000 亿元；而实现城乡统筹区域供水，完成建制镇污水处理设施及配套管网建设，通村公路升级、河道疏浚、建立长效管理机制等内容，再加上由此引发的资源向农村流动（产业、建材等）、促进农民的延伸消费需求等，村庄环境整治的综合撬动作用有望超过 3000 亿元，对"稳增长、扩内需"起到积极的拉动作用。

6.5　小投入，大效应

村庄环境整治的意义不仅在于环境改善和经济拉动效应，从社会效应角度看，江苏村庄环境整治的过程同时也成为了密切干群关系、促进社会和谐的过程，村庄的干净整洁有序，促进了农民素质的提升，增强了村民的卫生意识和文明意识，增强了村民的向心力和归属感，有助于和谐社会的构建，也为整合农村基层社会管理与服务资源、增强村级综合管理服务能力创造了良好条件。

6.6　小整治，大探索

村庄环境整治是一项复杂的系统工程，江苏村庄环境整治领导小组成员单位近20家，工作推进涉及省市县镇村多级，需要科学的工作方法和有效的实施路径。既需要条块整合资源，又需要地方各级联动；既需要"自上而下"的政府发动，更需要"自下而上"发挥农民的主体作用；既需要行政推动、资金支持和政策保障，又需要地方经验、专业知识和规划引导。

7　小村庄大学问——改进中国乡村规划建设的反思

相对于研究和实践丰富的城市现代化和城市规划建设，对乡村现代化、乡村规划建设管理的研究相对缺乏（图12），对此，吴良镛先生指出，"现在我们对城市的研究已经较为深入，但对乡村的研究却显欠缺"。在江苏推进村庄环境整治行动的过程中，我们发现中国的乡村基础研究、规划方法、技术支撑、建设标准、管理模式明显不足，有一些基本问题亟待解答，诸如：

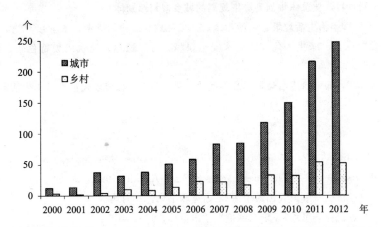

图12　国家自然科学基金立项项目中有关城市和乡村的项目数量（2000—2012）

资料来源：国家自然科学基金委员会网站查询统计数据。

相对绿水绕村、青石街巷、稻麦如茵的中国传统乡村意象，现代中国乡村的认知意象是什么？未来乡村的发展前景又如何？

对"城不像城，村不像村"的现象，社会各界抨击多年，但真正差异化的乡村空间特色是什么？规划建设如何具体引导？

乡村建设的政府推动、市场提供和村民自建的模式和机制如何完善？如何在控制成本的前提下引导农民建设更节能、更抗震、更省地的农宅？如何提供经济适用的乡村污水处理技术和模式？

环境整治任务基本完成以后，长效的管理机制模式如何建立？财务制度如何支撑？

在快速城市化进程中，如何引导城乡要素资源的合理流动？使乡村在空间结构重组中不仅仅成为人才、资源流失的一方，而真正实现城乡发展的"双赢"？

……

中国乡村现代化和城乡发展一体化的战略推进需要彻底转变过去重城轻乡的传统思维，从深入乡村基层、深入了解农民做起，探索建立适合中国乡村特点、反映当代农民需求的乡村规划建设模式，需要更多专家学者和实践者的共同努力，本文的目的即在于抛砖引玉，希望引发同行的关注，共同为改变中国城乡二元结构、推进城乡发展一体化做出我们行业的贡献。

注释

① 根据同步建立的"江苏村庄环境整治信息系统"数据，全省共有19.8万个自然村。
② 2006—2008年，江苏在全国率先推进了"城乡规划全覆盖"行动，基本建立了全省覆盖的从区域到城市，从城市到乡村，从总体规划到详细规划的城乡规划编制体系。
③ "六整治六提升"即整治生活垃圾、生活污水、乱堆乱放、工业污染源、农业废弃物、河道沟塘，提升公共服务设施配套、绿化美化、饮用水安全保障、道路通达、建筑风貌特色化、村庄环境管理水平。
④ "三整治、一保障"，即整治生活垃圾、乱堆乱放、河道沟塘，保障农民群众基本生活需求。

参考文献

[1] Habbe C., Landzettel W., Wang Lu. Die Gestalt der Doffer. Magdeburg: Ministerium fuer Ernaehrung, Landwirtschat und Forsten des Landes Sachsen-Anhalt, 1994.
[2] 费孝通：《江村经济——中国农民的生活》，商务印书馆，2001年。
[3] 高瑞泉：《中国近代社会思潮》，华东师范大学出版社，1996年。
[4] 黄宗智：《长江三角洲的小农经济与农村发展》，中华书局，1992年。
[5] 林尚立："国家的责任：现代化过程中的乡村建设"，《中共浙江省委党校学报》，2009年第6期。
[6] 陆学艺：《中国农村——农村现代化道路研究》，广西人民出版社，1998年。
[7] 罗荣渠：《现代化新论——世界与中国现代化进程》，商务印书馆，2004年。
[8] 仇保兴："生态文明时代的村镇规划与建设"，《中国名城》，2010年第6期。
[9] 宋恩荣："晏阳初全集序"，《晏阳初全集（一）》，湖南教育出版社，1989年。

［10］汪光焘："城乡统筹规划从认识中国国情开始——论中国特色城镇化道路"，《城市规划》，2012 年第 1 期。

［11］王红扬："村庄环境整治的意义与建构中国特色新型人居环境系统的江苏实践"，《江苏建设》，2012年第 3 期。

［12］武廷海："建设美好人居的江苏统筹城乡发展研究"，清华大学交流资料，2012 年。

［13］辛逸："实事求是地评价农村人民公社"，《当代世界与社会主义》，2001 年第 3 期。

［14］叶齐茂：《发达国家乡村建设考察与政策研究》，中国建筑工业出版社，2008 年。

［15］有田博之、王宝刚："日本的村镇建设"，《小城镇建设》，2002 年第 6 期。

［16］中国社会科学院经济学部课题组："我国进入工业化中期后半阶段——1995—2005 年中国工业化水平评价与分析"，《中国社会科学院院报》，2007 年第 9 期。

［17］周岚等：《集约型发展——江苏城乡规划建设的新选择》，中国建筑工业出版社，2010 年。

［18］周岚等：《建设美好人居家园——江苏城乡建设的不懈追求》，中国建筑工业出版社，2012 年。

村·屋·人

——常州市乡村人居环境初探

李　倩　丁沃沃　华晓宁　吉国华

摘　要　村庄作为乡村文化的载体，具有鲜明的地域性，不同的自然资源、气候条件、地域文化和发展水平，造就了风格迥异的自然村。自然环境孕育了村庄的形态，建造技术和生活习惯决定了村屋的形式，二者共同构筑了乡村的视觉表征。村庄的形态以及村屋的质料和特定地域条件之间形成了紧密的关系，并且，两者都是村民对地域文化的理解和对技术的传承与发展的映照，因此，乡村的村民才是乡村存在的全部意义。村庄的自然形态，村屋的风格、质料以及"村民"这个乡村中的核心要素都应是建筑学所关注的研究客体。

关键词　自然；质料；文化

2012 年初，为了全面提升乡村人居整体环境质量，江苏省住房和城乡建设厅在全省开展了乡村现状调查及人居环境改善策略的研究工作。该项工作旨在通过对乡村的生产环境、生活状况、邻里社会以及村民意愿的调查，全面了解影响村庄形态形成、演变及其风貌特色的因素。研究具体做法是通过调查不同类型村庄的空间布局、建筑景观及周边环境，对江苏省乡村整体人居环境现状做出综合评价。这项田野工作将是后续制定和调整乡村建设策略的基础。作为 13 个省辖市团队中的一分子，本研究团队承担了江苏省常州市的农村调研工作。在常州市域范围内，本团队通过对地貌的研究和先期考察，最终选择了23 个村庄作为重点调查样本，体验了沿江平原、湖泊湿地、平原田野、山区小径多样化的地貌，对乡村人居环境的概念有了真切的认知。

1　村之形态

在常州这样一个文化基本同质、社会与经济发展尚属均衡的不太大的区域内，村落形态呈现出的各种差异，主要影响因素是村落所在特定地点的大地景观——地形、地物——

作者简介

李倩，南京大学硕士；

丁沃沃，南京大学建筑与城市规划学院院长，教授，江苏省设计大师；

华晓宁，东南大学建筑学院副教授；

吉国华，东南大学建筑学院教授。

的差异。聚落地理学将这种聚落形态和特定地点的大地景观之间的关联称为"缘地性"。而对于大量普通村落而言，其所谓风貌特色的主要依据和来源，也主要是其所在特定地点的大地景观特征。

常州位于江苏省东南部，地处长江三角洲的中心地带，北枕长江，南濒太湖，西毗茅山丘陵，东连苏杭平原。常州市域内主要的地段和景观类型，包括长江冲积平原和滩涂地带、湿地水网、山区、湖区、平原、城市近郊等。

1.1　村庄形态与水的关系

江南一带水网丰富，河湖众多，江、河、湖、塘等自然要素不仅具有景观作用，也具有重要的生态功能。水是建筑空间与村庄空间的有机组成部分，是家庭生活和公共活动的重要场所，也是地域建筑文化的特色所在（图1）。

（1）岛型村庄

村庄被自然水系包围，形成岛状，村庄生长的最终形状即为岛的形状。

新北区春江镇靴洞圩村位于长江江滩冲积平原，是极具特色的线型村落，北临长江，东侧为水运航道，西侧是生产性水道，村庄被水环绕，是一个岛型村庄，其形态与江滩垦殖进程密切相关。

（2）水网围合型村庄

村庄周围有自然水系，也有人工养殖鱼塘。村庄多呈现团状，周围的水系和鱼塘对村庄形成围合和半围合状。围合型村庄如果继续发展，需置换部分耕地或者鱼塘。半围合型村庄存在继续生长的可能性。

金坛市儒林镇汤墅村位于长荡湖东侧，村庄东、南有河流，西、北为鱼塘。形态呈团块状，周围水系、鱼塘将其完全包围。

武进区横山桥镇大徐家头村，位于湿地水网环境中，村落形态与水域形态有着密切联系。湿地水网对村庄形成半包围状。

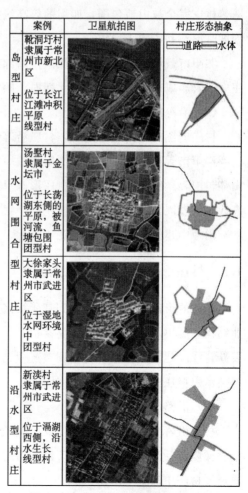

图1　村庄形态与水的关系

（3）沿水型村庄

这类村庄中的水系多为线性，因此村庄也顺着水系生长，如无其他自然要素或人工因素影响，村落的形态理论上可以按照此趋势继续生长。

武进区湟里镇新溇村位于滆湖的西侧，一个十字形水系从中间穿过，整个村庄沿着水系呈线性发展。

1.2　村庄形态与山地地形的关系

村落的外部形态除了受到水的制约，地形起伏也是影响村落外部空间的主要因素。村落形态受到所在山地景观的重要影响，尤其是坡地与耕地的关系，直接决定了村落的选址和形态（图2）。

（1）山地包围型村庄

村庄完全被山地包围，四周的等高线接近闭合。村庄的形态被坡地限制，生长到一定程度时形态基本趋于稳定。

溧阳市戴埠镇上潘村位于溧阳市南部山区，村庄被周围山地包围，形态为团块状。村庄中的农居或东西朝向，或南北朝向，顺等高线排布。

（2）沿等高线型村庄

村庄周围的等高线不闭合，村庄沿等高线生长，建筑沿等高线排布。

溧阳市天目湖镇青山村、溧阳市戴埠镇深溪岕村位于溧阳市南部山区。青山村西侧被山体包围，东侧是平原地貌，村庄形态呈线状；深溪岕村东侧和西侧均有山体，村庄沿等高线向南发展，受坡地影响，村庄已经很难继续向南生长。

山地中建筑的朝向都不拘泥于南北，而是取决于周围等高线的分布状况。

1.3　村庄形态与社会经济发展的关系

村庄的形态和风貌不仅受到其所在区域地形、地貌等自然要素的影响，城乡关系、产业结构、历史沿革等社会经济要素也是十分重要的。随着社会经济的发展，不可避免地需要新建或改建基础设施，重新调整产业结构，对区域的发展做出新的战略规划，这些因素都会牵引村庄的形态发生变化（图3）。

（1）沿路型村庄

村庄沿着穿过村庄中的主要道路生长。

溧阳市社渚镇舍头村，位于溧阳市的平原地带，形态呈现团块状。它的生长主要围绕着通过村庄中的主要道路。

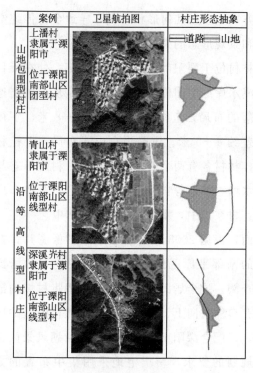

图 2　村庄生长与山地地形的关系

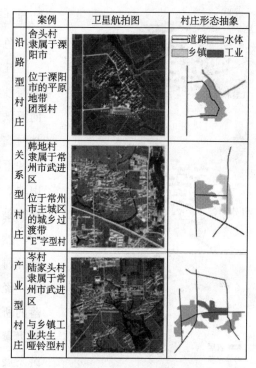

图 3　村庄生长与社会经济发展的关系

（2）关系型村庄

随着社会经济的发展，大规模的城镇化进程已经蔓延到一些自然聚落的周边，这种变化会牵引聚落的形态开始发生改变。

武进区横山桥镇韩地村位于常州市主城边缘的城乡过渡带，受到周边临近集镇的牵引和辐射影响，村庄呈现"E"字型。

（3）产业型村庄

村庄的发展伴随着产业结构的调整，形态上也会受到影响。

武进区洛阳镇岑村、武进区洛阳镇陆家头村是一组极具特色的、传统村庄与之后发展起来的乡镇工业共生的村落，两个村庄和位于两者之间的乡镇工业区逐渐形成一个整体，具有哑铃状的结构。

1.4　村庄形态与人为规划的关系

另有一类村庄的形态完全由人为限定和规划，与地形地貌、城乡关系、产业结构、历史沿革等因素无任何关联。这一类的"农村居民点"绝大多数不论是设计思想，还是规划实施，采取的都是目前城市小区的做法，并不遵循传统聚落的肌理和尺度，也不考虑与周围村庄的关系。因此，这一类村庄的形态也不再符合自然演变规律，它们往往采用一次性

上桂林村

下桂林村

■ 农居
▨ 水塘
▤ 林地

图 4   溧阳市天目湖镇桂林村

的建造方式，多以几何形状呈现，导致乡村传统空间特色和景观形态的失落。

桂林村位于溧阳市天目湖镇区西部，处在天目湖与沙溪水库的中间位置。整体形态是从山坡高地向下跌落的布局，上桂林村高差约 7—8 米，下桂林村高差约 4—5 米。道路为自由式布局，上桂林村和下桂林村各有两个对外交通出口。村庄形态与山地、水塘、林地等自然要素紧密结合，总体布局特征是：村在山中，水在村中，屋在林中。

然而，根据 2008 年的谷歌地球影像图片，在桂林村的南部平原区出现了一处集中规划的居民点，经查阅，这个居民点的建立是希望将村域内散落的所有自然村向上、下桂林两个自然村附近的区域集聚，以配合溧阳市布局规划和天目湖风景区旅游发展规划的要求。新增宅地采用集中布置的方式，一次性建造，没有沿承原上、下桂林的村落肌理以及山水屋林的自然景观风貌，完全是城市小区的做法（图 4）。

1.5   小结

综上所述，村庄的外部形态主要受到自然条件的制约，水网的宽窄、形状以及等高线的走势是影响村落外部形态的主要因素。随着经济社会的发展，村庄的形态也会被城乡关系、产业结构、历史沿革等社会经济因素所制约，但是村庄保持继续有机生长和演变的态势并没有被限制。人为采取的一次性集中规划建造村庄的方式彻底改变了村庄的生长机制，也在极大程度上摒弃了村落的自然形态，这类村庄不再具有传统的地域特色（图 5）。

图 5   四种不同因素作用下的村庄形态和肌理对比

2　屋之质料

不同的自然资源、文化和经济发展水平造就了多种多样的乡村建筑风格。经过长期的经验积累，村屋在排列方式、功能布局、材料样式和细部方面与特定的自然环境、人文环境形成了紧密的相互关系，由此产生了稳定的、具有地域特色的建筑形式以及与之相适应的一整套建造技术。

2.1　村屋的排列方式

常州市地处江南，水网丰富。依水筑屋，因水灌溉，临水休憩，街河相间，不同的滨水界面交织成以"水"为中心的独特生活环境与生活方式。从调研村庄中大致可以看出：村屋的排列与水的关系有两种——平行或者垂直于水系排列，取决于水系与正南方向的夹角，夹角约为30°时，是一个中间值，此时两种排列方式同时呈现。

山地和滨水情况不同，村屋的排列方式与等高线的关系比较一致，均为平行于等高线排列（图6）。

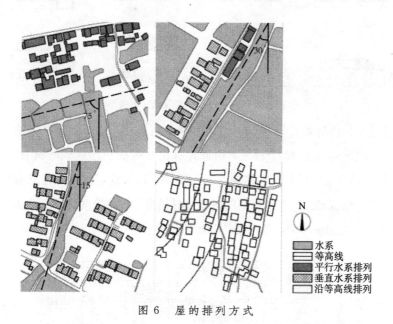

图 6　屋的排列方式

2.2　村屋的功能布局

传统村屋（建于1949年以前）多为三开间，从堂屋进入，左右各一间房。在1949—1980年，受到人多地少、生产制度和经济水平的影响，村屋的更新主要停留在旧宅改造方面，进深加大，平面为三开间五间房的格局（古村俗称"明三暗五"）。

大批的村屋建设大致经历了两个阶段：第一阶段是 20 世纪 80 年代初期，由瓦房变成了楼房，此阶段建房动机以改善居住条件为主。楼下有走廊，楼上有阳台。

第二阶段是进入 90 年代以后，翻建村屋的功能布局开始向城市生活方式靠近。开间宽度在 3—4.5 米，总面宽一般在 12 米左右。一些村屋的开间数甚至达到四或五，这种情况一般是家里人口较多，有几个儿子就多扩出去几个开间，儿子尚未长大就提前扩建的也很多。但房间布局方式一直继承了传统村屋中以堂屋为中心的模式，从入户门直接进入到一个类似"堂屋"的厅室，然后再从这里到达各个房间（图 7）。

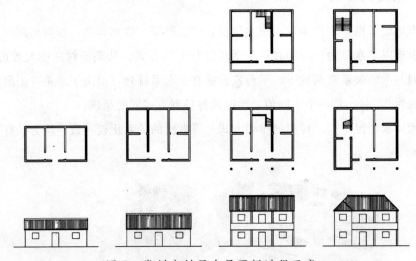

图 7　常州市村屋布局更新过程示意

村屋的建筑面积由原先的 70 平方米左右增大到近 200 平方米，是原来的 3 倍。本次乡村调查中，进行统计的共有 22 个村庄，由此计算出村屋的户均建筑面积为 172.5 平方米。对比这 22 个村庄调查表中的村民人均纯收入一项，可以发现，村屋的建筑面积与村民的年人均收入成正比。也就是说，相对富裕的村庄，村民对于村屋空间舒适度的要求越高，村屋面积越大（图 8），说明村屋的翻建已经从开始的"改善型"逐渐向"享受型"转变。

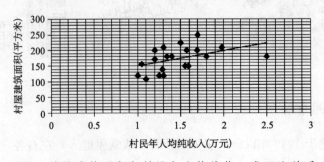

图 8　村屋建筑面积与村民年人均纯收入成正比关系

2.3　村屋的材料与样式

江南地区最早的古村居为木构架,外围土石做墙。到了明清时期,村居的规模逐渐变大,向纵深发展形成多进院落,采用抬梁硬山式砖木结构,堂屋高大,室内以方砖铺地。楼层以一到二层为主,布局多为两进或者三进,中轴线贯穿全宅。1949 年以前,封建士绅阶层在经济和文化上的统领地位使得古村民居在形态上保持着整体上的协调。

新中国成立以后,随着土地改革和封建半封建制度的解体,农村家庭结构开始变得简单。村屋规模不断缩减,基本上以小家庭自主建造的方式进行。结构以砖木混合为主,楼层大多为一层,外形上继承了传统村居的特征。

改革开放以后,村屋经历了"瓦房变楼房"的演变,屋顶仍保持双坡式,结构以砖混结构为主,开始出现了阳台的元素。阳台的栏板形式最初借鉴了传统建筑中木栏板的样式,用混凝土浇成雕花图案,后渐渐以实栏板为主。窗框仍为木料制成。

80 年代开始,随着铝合金窗框的出现,木门窗很快被铝合金门窗所替代,只有部分村屋因个人喜好保留了几扇传统的木制门窗。屋顶仍以灰瓦为主,墙面水泥砂浆抹灰,局部用马赛克拼图案加以装饰。80 年代后期,蓝玻璃开始使用,并很快流行。随着铝合金和玻璃材料的普及,开敞式阳台逐渐减少,90 年代建造的村屋多将阳台封闭,外墙面砖逐渐代替了马赛克,屋瓦的色彩也丰富起来。

近十年来,村屋建设逐渐减少,但随着经济水平的不断发展,新建村屋材料的选择更加多样。建筑的立面一般全部外贴面砖,而不像 90 年代时出现的很多村屋的正立面用面砖装饰而其余立面以水泥砂浆抹灰的阴阳墙面。面砖的色彩也愈加繁多,琉璃瓦、大理石、镜面玻璃等价格不菲的建筑材料也开始在村屋中出现。村屋的屋顶形式不再拘泥于双坡面,向着别墅式的方向发展(图 9)。

通过追溯村屋材料和样式的变迁可以看出,使其发生巨大变化的正是时代的变迁,当大家庭裂变成小家庭,当更多的农民向城市集中,当生活方式发生变化,当新型建筑材料从城市传入城镇乡村,传统乡村村屋的样式与材料必然发生改变。

2.4　村屋的细部

历史上的常州物产丰富,生产技术精湛,大量的建筑施工机会锻炼出优秀的民间匠人。传统乡村建筑精致机巧,多以构件作为装饰。鼓状的柱础、冬瓜形的梁,石雕、木雕、砖雕以及图案多样的木格窗,无不技艺精巧。大门外饰有门头和檐部,门头上常有精细雕刻,具有鲜明的常州特色。

随着工业化生产方式带来的材料与技术的改变,建筑构件趋于标准化与模数化,村屋的装饰也随着时代的发展不断变化（图 10）。80 年代初，常通过贴马赛克的方法，简单地对村屋立面添加色彩和图案；从 80 年代末开始，村屋外立面尤其喜欢用白面砖和蓝玻璃进行装饰；之后，蓝玻璃又逐渐被绿玻璃所取代，加上外墙砖和陶瓦的不断发展，村屋的装饰色彩也愈加丰富。不过，很多村屋依然保留着传统建筑的屋脊做法（屋脊不像其他构件，与农村生活方式和生活条件的改变关系不大，因此一直得以保留）。另外，对于传统民居中"门"的符号，绝大多数一层的村屋都有所继承，还有一些两层以上的楼房，巧妙地在一层高的院落围墙上添加了该元素，是对传统符号的一种创新（图 11、图 12）。

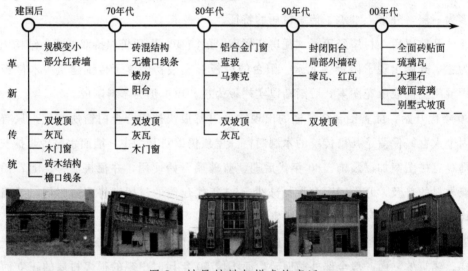

图 9　村屋材料与样式的变迁

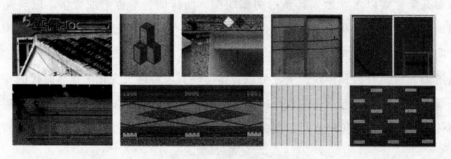

图 10　村屋细部装饰的变迁

　　在近年来的村庄整治过程中，还出现了一种装饰，也是在建筑立面上做文章，但和添加传统符号不同。传统符号的装饰虽与建造无关，但它的产生与不同地域的审美观和文化背景联系在一起，反映了不同的民俗文化，添加传统符号元素更多地是唤起一种精神的共鸣。而现在的这种装饰则是希望达到以假乱真的效果，给建筑套上一件仿古外套，不顾真实的材料与建造方法，把村屋完全"化妆"成了一个古建筑（图 13）。

图 11　村屋对于传统装饰符号的继承和创新

图 12　常州村屋中"门"的符号

2.5　小结

　　总体上，常州市的乡村建筑由于功能一致，人口结构和经济水平接近，因此单体的高度相近，体量相仿。建筑形式注重近水亲山，呼应低山，色彩淡雅。由于发展水平的不同，近年来村落之间存在差异，反映在物质形态上主要表现为村屋翻建的时间有所不同，不同年代修建的村屋有着不一样的材料和建造方式，村屋的细部装饰可以说是同时期城镇的简化版，然而，一些江南村居的特色元素还是得以延续，比如双坡顶、屋脊、门头装饰。

图 13　某村屋山墙面

3　人之文化

　　乡村的特色之美不仅见于自然环境和村居风貌，更见于村庄悠久的历史文化，见于在这片土地上世世代代生活劳作的人们，乡村的人文特性正是他们根据自然条件、文化传统和社会环境所能提供的一切生存资源对时代变迁迅速做出的特定反映。

　　常州地处苏南，气候适中，水运网络发达，乡村长期维系着自给自足、田园牧歌式的生活。进入近现代，自然经济逐步解体，面对人多地少的矛盾，乡村日益陷入了贫困。同时，近代城市的崛起，又为农民的寻求生存提供了一条可供选择的出路，城镇化的现象在20 世纪二三十年代的常州已经逐渐显现。新中国成立以后的 30 年间，伴随着土地改革以及政治经济体制的变化，乡村自组织系统让位于对国家意志的服从，农民开始放弃他们固有的生活方式，成为了集体化的追随者。直到 1978 年，家庭联产承包责任制恢复了乡村生产力的健康发展，乡镇企业异军突起，多元化的经济模式给传统的聚居生活方式带来了巨大转变。在工业化和城乡关系改善的共同作用下，农民在就业转移的同时也开始了居住迁移的尝试。

　　一方水土养一方人，特定的历史也造就了苏南地区农民特有的性格特征和社会心理，影响着他们的价值观和生活态度。尽管与他们背负的数千年农耕传统相比，近几十年的变化称得上是惊心动魄，然而，骨子里的性格不是一天形成的，也不会轻易被改变。概括起来，苏南地区农民的性格特征有四个方面：开放、自信、知足和勤劳。

3.1　开放

　　苏南地区土地富饶，以平原为主，乡村所处的位置并不闭塞，外来文化很容易传播到这里。而历史上的苏南历来是人文荟萃之地，重视教育的传统使得该地区的农民思想相对开放。改革开放以后，农民的生活世界不再局限于土地，他们的交往经历也不再局限于同乡和亲友，随着生活半径的增大，苏南农民对于外来文化的接受更加自如，这从前文论述的村屋样式变化可见一斑——乡村的建筑风格在几十年中的变化几乎就是同时期城市流行风格变化的简化版。村民大胆地将时髦的材料、做法引入乡村，稍作修改，便用于建设自己的居所，对于变革，他们始终表现出开放和现代的一面（图 14）。

图 14　同时期城市与乡村住宅的样式对比（左：城市；右：乡村）

3.2　自信

　　苏南经济富庶，多少年来，一直享受着"鱼米之乡"的优越，并引以为豪。也因为苏南农村的相对富裕，这里的农民大多被有效地控制在土地上，到20世纪70年代劳动力出现过剩时，苏南农民已经从容不迫地积累起了发展乡镇工业的基础。因为所处的自然和区位条件优越，脚下的这片土地一直恩泽于他们，土地的吸引力是不言而喻的。尽管城乡差异已经是不争的事实，然而他们依然不相信命运，眷恋着乡村，甚至表露出对城里生活的不以为然。因此，尽管对于变革他们表现出很高的接受度，然而骨子里的那份自信和对土地的眷恋使他们较之浙江的农民更懂得坚守自己的一份传统：不同于浙江民居（图15），江苏民居在几千年的发展中，基本形制始终保持不变，从没有被外来文化所颠覆。

图 15　浙江与江苏新村屋的样式对比（左：浙江；右：江苏）

3.3　知足

在乡村调查中，我们不止一次地听到村民们对乡村好处的津津乐道。调查的乡村大都经济水平良好，农民生活安逸，村民们逐渐形成了"安其所，遂其生"的心理，往往抱着自足自满、安于现状的心态，不愿过多地改变。他们的知足也体现在以下对调查问题的选择中。

（1）建房的意愿

本次调查共收到有效问卷362份，针对是否愿意再建房的问题，14—64岁的受访者中70.4%的人无建房打算，65岁以上的受访者中无建房打算的更是达到82.8%（图16）。

（2）理想居住地调查

在理想居住地的调查中，我们发现大多数村民对乡村生活很知足，安土重迁，并没有向城镇迁移的打算。年纪越大的人对家乡与土地的依恋就越强烈，14—64岁的受访者中有62.9%愿意选择乡村生活，

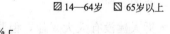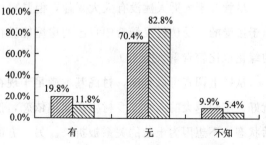

图 16　不同年龄村民的建房意愿

65 岁以上的受访者愿意留在乡村的达到 75.6％。然而对于自己的子女，不管何种年龄，只有约 10％的受访者希望他们继续留在农村，大多数村民希望子女能受到高等教育，去上大学，去经商或者到乡镇企业工作而不是选择务农（图 17）。可见，随着下一代人的成长和离开，村民对于乡村的依赖感将会逐渐减弱。

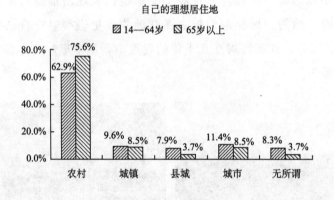

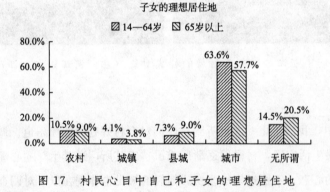

图 17　村民心目中自己和子女的理想居住地

（3）村屋改造的意愿

尽管对于大拆大建没有太大兴趣，但是对房屋进行一定程度上的修补改进，村民还是乐于接受的。受访村民最希望自己的房屋能进行内部装修和旱厕改造，此外，对宅院内外的绿化也比较看重（图 18）。

从以上调查可以看出，村民基本满足于现在的居住状况，即便有些问题但只稍作改造就好。年纪越大的人对于乡村生活就越依恋，他们安土重迁，不愿轻易地去改变现有的生活状态，不想因为土地的关系被折腾。另一方面，他们在潜意识里并非没有意识到城乡的差异，他们对于子女的教育要求非常看重。因此，尽管自己依赖乡村生活，满足于目前的归宿，但大多数村民还是希望子女能够去大城市发展，而不是留下务农。乡村的发展已经趋于稳定，将来的村民对于村庄的眷恋会随着下一代的离开而逐渐减弱。

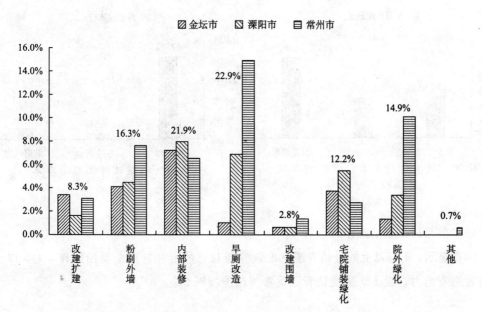

图 18　不同地区村民希望村屋及居住环境改进的方面

3.4　勤劳

历史上，苏南地区虽然富庶，但也意味着对国家的巨大付出。高赋税既是一份荣耀，同时也给百姓生活带来压力。勤奋与朴素的美德在该地区人民的身上表现得最为淋漓尽致。在连绵不断的战乱中，他们平静地面对流离失所，一旦恢复和平，又不遗余力地重新建设自己的家园，终于把苏南变成了一方沃土，也成就了自己的勤劳和自立。这种精神同样体现在他们对于自己的住所和村庄的建设上。

（1）对新建村屋的要求

对于自住房屋，村民们从来就没有想过坐等其成。249 份调查问卷反映了建房的设计图纸来源（图 19），48.2％的受访者请工匠勾画草图，34.1％的受访者则是自己找图。对于政府提供的住宅图纸，50％的村民表示只是参照（图 20）。大多数村民都希望对自己的房屋有足够的话语权，而不是拿一份现成的图纸依样画葫芦。127 位受访者回答了建房方式的问题，高达 82.7％的村民选择自

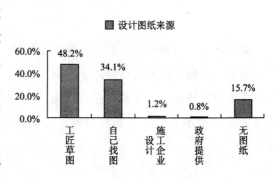

图 19　建房时设计图纸的来源

建（图 21），在他们看来，自建既放心也经济，多花点力气在他们看来并非是什么困难的事。

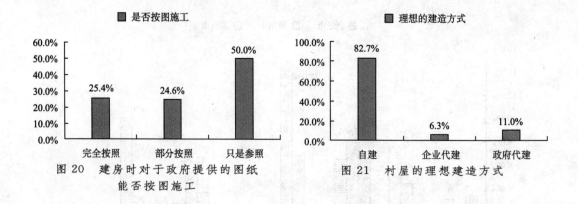

图 20　建房时对于政府提供的图纸
能否按图施工

图 21　村屋的理想建造方式

（2）参与村庄整治工作的意愿

调查显示，1/5 以上的受访者愿意出钱参与自己所居住村庄的整治工作，1/3 以上的受访者愿意出力，近 1/3 的受访者愿意参与维护（图 22）。

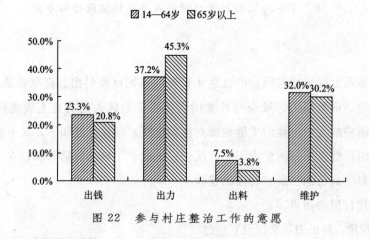

图 22　参与村庄整治工作的意愿

总体来看，村民对于建造房屋和村庄整治工作都表现出极大的自主性，他们充分相信自己的能力，希望依靠自己的双手去创造。对于房屋代建，他们普遍兴趣不高，更愿意不辞辛劳地自己建造；对于村庄整治工作，他们并没有认为是"事不关己"，大都愿意参与，出钱、出力或者维护管理都没问题，只要被公平对待，让大家共享村庄整治的成果就可以。

4　总结

（1）乡村聚落的形成经过长时间的历史积淀，非朝夕之功，其空间结构和外在形态有其特定规律,是自然条件、社会结构、产业关系等因素共同作用的结果,人为的规划干预应当充分了解这些影响因素的作用。

目前的自然村庄空间分布,既适应农民的耕作需要,也已经具备一定的市政设施。对散落村庄的撤销与合并,要高度审慎,不能简单撤并。如果能依托现状,按分布规律选择保留的村庄,将散落的小村庄向这些自然村集聚,按照村庄的生长规律,采取集中布置与插花布置相结合的方式,有机拓展保留村庄的空间,既可以不打破之前的生产平衡,也能满足市政设施的辐射范围。

(2)随着时代的发展和社会的进步,乡村建筑的材料和营造方式也必然发生变化。当城市快速发展的同时,不能因为我们不满于钢筋水泥的森林而想要逃离,就要求乡村建筑一定要维持古色古香的原貌。从村屋的历史演变可以看出,村屋的变化是与生产水平和生活方式相联系的,是时代发展的必然结果,应当抱着平和的心态看待这种变迁。

(3)随着经济的进一步发展,城镇化进程的加快,农民以及他们子女中的相当一部分人将进入城市或者城镇生活,这部分人的价值观不会不发生根本性的变化。然而,就目前而言,我们更关心的是继续留在农村的那些农民及其子女的未来。为了让他们享受到较好的生活环境,立足于当下的村庄整治是必要的。整治应当充分尊重他们的意愿,重点抓住眼下迫切需要解决的问题,制定近期的建设规划,提高村落现有的服务水平。

从某种程度上说,村庄整治表面上是解决乡村目前存在的建设和环境问题,实际上是通过一系列的整治,增加乡村的吸引力,提高村民文化上的自信,而这恰恰是真正推动乡村在未来的发展中延续不同于城市环境和生活风格的最大动因,是统筹城乡建设、缩小城乡差距的最大动力。这种文化上的"整治"不是一朝一夕的,更不能突击建设,应当把人为规划的痕迹减少到最低。

参考文献

[1] 陈晓燕、包伟民:《江南市镇》,同济大学出版社,2003年。
[2] 李立:《乡村聚落:形态、类型与演变——以江南地区为例》,东南大学出版社,2007年。
[3] 汝信、陆学艺、朱汝鹏:《城市化:苏南现代化的新实践》,中国社会科学出版社,2001年。
[4] 叶兆言:《江苏读本》,江苏人民出版社,2009年。
[5] 周晓虹:《江浙农民的社会心理及其近代以来的嬗变》,三联书店,1998年。

乡村人居环境整治过程中多样化、宜居化提升方法研究^①

——以江苏泰州乡村为例

王建国　龚　恺　吴锦绣　薛　力

摘　要　本文基于江苏省住房和城乡建设厅 2012 年度重点研究课题"江苏省泰州市乡村现状调查及人居环境改善策略研究",对乡村人居环境进行深入探讨。首先,对泰州四县(县级市,下同)两区 20 个样本村庄、400 余村民进行深入调研和数据分析,找出泰州乡村人居环境的特色,对所存在的问题进行思考后指出:通过多样化、宜居化的人居环境提升塑造乡村的持续吸引力是解决当前泰州乡村问题的有效手段。其次,从基于地域环境特色的多样化人居环境整治、基于建筑历史文化价值和重要性的多样化建筑环境整治、基于特色产业发展的多样化村庄经济发展指导、基于基础设施提升的宜居化乡村人居环境提升、基于建筑性能提升的宜居化乡村居住环境提升五个方面提出多样化、宜居化人居环境改善的具体方法。

关键词　乡村;人居环境;整治;多样化;宜居化;提升

　　2005 年 10 月,党的十六届五中全会通过《中共中央关于制定国民经济和社会发展第十一个五年规划的建议》,要求从"生产发展、生活宽裕、乡风文明、村容整洁、管理民主"等方面推动社会主义新农村建设。在此背景下,全国各地相继开展了"农村三集中"、"千村示范、万村整治"、"康居示范村"等新农村建设示范。2012 年,党的十八大明确提出"四化"同步为推进城乡发展一体化的要求,江苏以乡村人居环境改善为切入点启动了全省村庄环境整治。为系统提高江苏省村庄环境整治行动实施的科学性与针对性,在省住房和城乡建设厅的统一领导下,由东南大学建筑学院王建国院长与龚恺副院长负责的本课题组开展了泰州乡村现状的系统调查和人居环境改善策略的研究工作。

1　研究的基本步骤及内容

　　按照江苏省住房和城乡建设厅的部署,本次调研总体围绕"四了解"和"四提升"

作者简介

王建国,东南大学建筑学院教授,院长,江苏省设计大师;

龚　恺,东南大学建筑学院教授,副院长;

吴锦绣,东南大学建筑学院副教授;

薛　力,东南大学建筑学院副教授。

的目标。其中，"四了解"是指系统了解村庄经济社会发展的基本状况，系统了解村庄人居环境现状，系统了解农民对农房建设、村庄规划建设和环境整治工作的认知，系统了解农民对未来和谐城乡关系的愿景；"四提升"是指为提升村庄环境整治工作水平提供建议，为提升村庄人居环境质量提供建议，为提升农房建设和村庄规划建设工作水平提供建议，为提升统筹城乡建设和城乡发展一体化水平提供建议。具体包括以下三个步骤。

1.1　对泰州经济社会发展状况进行全面摸底和预调研，收集整理村庄历史资料和已有规划资料，初选样本村庄

样本选取原则如下：首先，为了体现本土文化特色，优先选择具有历史特色和价值的样本村庄。同时，所选样本村庄必须带有广泛的代表性，既涵盖发达地区村庄，又涵盖欠发达地区村庄；既涵盖规划布点村庄，又涵盖非规划布点村庄；既涵盖城市近郊村庄，又涵盖纯农地区村庄；既涵盖列入整治试点的村庄，又涵盖未列入整治试点的村庄；既涵盖一般平原型村庄，又涵盖山地型村庄和水网型村庄；既涵盖特色保护型村庄，又涵盖特色塑造型村庄。

在预调研中我们初步选定 26 个村，使样本村在四县一区（除海陵区）均衡分布，最终听取省厅的意见之后我们决定以行政区划为基础，选定 20 个村进行研究。这些村庄主要分布于四县之中，只有 1 个位于市区近郊的高岗区，每县有 4—6 个村庄，保证取样均衡（图 1，表 1）。

图 1　泰州乡村调研样本村分布

表1　泰州乡村调研样本村名称与分布

市（区、县）	镇	村
兴化市	李中镇	东旺村
		黑高村
		顾赵村
	大垛镇	管阮村
		双石村
	沈伦镇	安塘村
姜堰市	兴泰镇	尤庄村
	溱潼镇	湖北村
	沈高镇	沈高村
	白米镇	野沐村
	张甸镇	蔡官村
高港区	许庄街道	马厂村
泰兴市	宣堡镇	郭寨村
	黄桥镇	祁巷村
	曲霞镇	印达村
	虹桥镇	公殿村
靖江市	新桥镇	新合村
		三太村
		孝化村
	西来镇	丰产村

1.2　对所选村庄进行调研，完成相关问卷和勘查工作

在每个村庄的调研中，发放20份调查问卷，分别对村干部和村民进行访谈并录音，并通过实地踏勘测绘相关图件，拍摄反映村庄建筑及人居环境现状的照片，发掘村庄的历史文化遗产和地域特色景观。

1.3　统计分析问卷结果，进行相关信息和数据补测及整理，绘制相关图件

对全市20个样本村400份调查问卷进行整理和统计分析，绘制相关图件，分析每个

村庄的特色和存在的问题，提出建议。

2　泰州简介

泰州市位于江苏中部，西南部濒临长江，北邻淮安、盐城，东邻南通、盐城，西邻扬州，是苏中入江达海 5 条航道的交汇处，为长三角经济区 16 座中心城市之一，有凤凰城之美誉、"水陆要津，咽喉据郡"之称谓。泰州有 2100 多年的历史，秦称海阳，汉称海陵，州建南唐，文昌北宋，兼容吴楚越之韵，汇聚江淮海之风。现存古遗址、古建筑、古石刻数百处，其中列为省市级文物保护的有 134 处，包括千年古刹光孝寺、施耐庵陵园、郑板桥故居、梅兰芳纪念馆等。

1996 年 8 月国务院批准成立泰州地级市。2001 年末，泰州市设海陵、高港两区，兴化、靖江、泰兴、姜堰四县级市，共有 91 个镇、8 个乡、6 个街道办事处、338 个居民委员会和 1578 个村民委员会，总面积 5819 平方公里，人口 504 万。2011 年，全市实现地区生产总值 2400 亿元，财政收入突破 600 亿元。

泰州市域除靖江有一独立山丘外，其余均为江淮两大水系的冲积平原，河网密布，素有"鱼米之乡"（靖江）、"银杏之乡"、"水产之乡"的美誉，是国家重要商品粮、优质棉、瘦肉型猪、淡水产品、优质银杏生产基地和蔬菜生产加工出口基地。2012 年泰州被农业部授予"国家现代农业示范区"称号。

泰州工业经济基础雄厚，以机电、化工、纺织、食品、轻工、医药、建材为主，一批企业的名牌产品获得世界纪录协会的世界之最，有春兰集团、扬子江药业集团等重要工贸企业。

3　泰州乡村人居环境调查及当前所面临的问题分析

3.1　村镇空间和建筑形式的同质化——当前乡村建设发展中的重要问题

泰州的历史文化背景深厚，民居特色独具，村庄的形态结构非常有特色。但在调研中我们发现泰州乡村建筑的同质化现象非常严重，乡村建筑要么是简单的坡顶加现代的方盒子，要么是粗陋地模仿西方建筑风格。

"同质化"是指同一类事物在功能、形态甚至发展手段上均相互模仿，以致趋同的现象[②]。在乡村建设过程中，对城市亦步亦趋的模仿导致"欧陆风"从城市刮到乡村，且愈演愈烈，夸张的山花和柱式随处可见，只有一些未经修缮的老房子还保持着原来泰州民居的特点。这种现象究其原因，一方面是由于当地一定阶段内建筑产品的大规模生产和施工工艺所限，另一方面是由于对自身特色文化底蕴的不自信，伴随着"楼房变洋房"的是传统建筑文化的衰败（图2）。

具体表现为以下两方面：

（1）以前，乡村住宅都以自建为主，住宅的投资者、设计者、建造者和使用者"四位一体"，于是住宅的经济性就是很重要的问题。村民要实现在满足自己要求的前提下投资最省，就意味着要采用最方便获得的、最廉价的建筑材料以及用最通常的建造方式建造。由于一个地区村民的生产生活方式和价值观趋同，地方市场上一段时间内可供选择的建材产品也有限，因而这种状况在一定程度上造成了乡村住宅的同质现象。

（2）从乡村居民的生活习俗上看，村民在消费决策时更容易受到村里各种观念的影响与制约。建造及其他各种消费活动在乡村往往承载了村民们的身份、地位及价值观。例如，为了大家平等，村民会要求与之相邻的家庭建房时房子不得高出自家，也不可朝南偏移过多，自家建房时也不会比邻家低或是比邻家小。在大多数情况下，这一观念往往演变成了一种攀比和从众心理，当欧式"洋房"风刮起时，很快就在农村盛行起来，也是与这种攀比和从众的心态有着很密切的关系。

3.2 乡村建筑建设粗放，宅基地占地面积大，住宅求高求大，土地利用不经济

在调研中我们发现，泰州乡村普遍存在着乡村建设粗放、土地资源利用率低的问题。在我国当前快速城镇化进程中，农村建设的粗放和不集约从另一方面加剧了我国建设用地矛盾，已经成为乡村建设发展中的一个重要问题。

乡村各类用地布局较为零散，分布犬牙交错。在20世纪八九十年代翻建的住宅中，宅基地占地面积较大，人均居住面积指标也非常大，而实际居住人口却非常有限。这一方面和农民建房缺乏科学指导有关，新建的住宅面积很大，设计却不合理，表现在单间面积（尤其是卧室）过大，另一方面是村民之间的相互攀比，盲目求高求大，造成了土地和资源的浪费（图3）。

图2　泰州乡村典型的欧式建筑　　　　　　图3　泰州乡村住宅

3.3　乡村基础设施不足，生活舒适度较差

目前，乡村在教育、医疗、社会保障、公共设施等方面与城市相比还有很大差距，泰州乡村经过几轮整治后虽有较大程度的改善，但是在居住区层面仍存在着一些问题。例如，公共配套设施不到位、文体设施缺乏，村民缺乏交流活动的空间；在很多村庄，出行不便、硬质路面少，污水处理设施不足，垃圾乱倒、收集不到位，许多河流遭到污染。"只见新屋，不见新村"，迫切需要出台适应农村自然、人口和社会经济条件的基础设施和公共服务设施的配置标准、建设规程和关键技术③。

3.4　乡村住宅建筑性能差，居住舒适度较差

在调研中发现，村民自建的乡村住宅的居住舒适度较差，缺乏保温隔热设施，冬天冷夏天热，雨季墙、地面返潮、地面湿滑和墙体霉变等现象较为普遍，使用空调时能耗高，和城市建筑的节能标准相比，乡村住宅存在较大差距。目前，我国农村住宅能耗约占全国总能耗的13％，村镇住宅实际采暖能耗高出国家标准1.5—3.2倍，且难以达到相应的舒适度④。

3.5　乡村未来如何实现良性可持续发展

在调研中发现，虽然泰州的乡村当前还显得生机勃勃，并未出现明显的空心化现象，但是农民自己这一代愿意住在乡下，却普遍希望自己的后代住在城市里，因为那里有更好的教育条件、基础设施和更多的就业机会（图4、图5）。这就促使我们思考，乡村的未来究竟会如何发展？乡村未来的持续吸引力究竟在哪里？

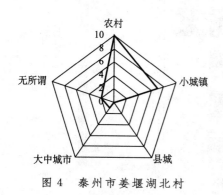

图4　泰州市姜堰湖北村
村民居住意愿

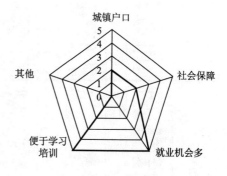

图5　泰州市姜堰湖北村
村民进城原因分析

4   泰州乡村人居环境整治过程中多样化、宜居化改善策略研究

4.1   泰州乡村人居环境特色解读

（1）自然环境特色明显，村庄布局特色鲜明（图6、图7、图8）

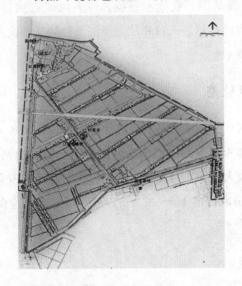

图6   泰州南部靖江市丰产村平面图   图7   泰州北部兴化市管阮村平面图

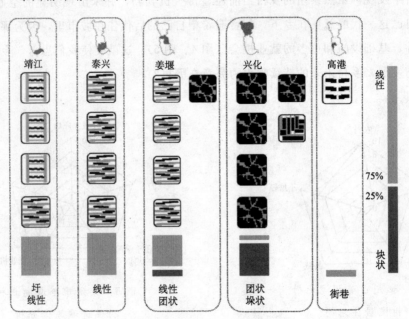

图8   泰州乡村地理环境特色

　　泰州大部分地区为江淮两大水系的冲积平原，水网密布，乡村建筑多沿水系展开。水系是泰州村庄形态的主要决定因素，在村民的生产生活中占有重要地位。泰州南部的靖江和泰兴多属长江水系，由于受到长江水线冲击的影响，村落呈线性发展，每家门前一条河用于水产养殖和日常生活，门后一条河用于排放污水，形成了独特的田野—道路—河流—住宅—河流—田野的空间序列，村庄布局非常有特色。其中，沿江的水产养殖不仅是这一区域的特色产业，也形成了独特的景观。泰州北部的兴化和姜堰多属淮河水系，地势低洼，水网呈向心状，由四周向低处集中，湖泊分布较多，村庄多以团块状集中布置，呈街巷式布局，建筑密度高。泰兴的银杏树和油菜花更是当地的特色产业和重要景观，每年春季的油菜花节，都会吸引大量的游客。

　　（2）泰州村庄正处于蓬勃发展期，村庄规模大，特色产业强，未出现明显的空心化

　　在我们调研的泰州 20 个样本中，村庄规模普遍很大，人口大都在 2000—3000 人，其中泰兴的祁巷村最大，面积 6360 亩，人口 4514 人。在泰州，农业和务农人口仍然占有重要比例，由图 9 和图 10 可以看到，泰州的高效农业、特色种植、水产养殖以及农家乐旅游发达，村办和特色产业蓬勃发展，乡村的农业和工业生产相得益彰，发展良好。其中，兴化和姜堰的油菜花、泰兴的银杏林以及靖江的水产养殖都已成为当地的特色产业；春兰集团等大型企业、靖江的铸造业、姜堰的不锈钢以及泰州市区周边的电子、制药等产业也都在江苏乃至全国占有重要地位，吸引了大量当地劳动力。因而和苏南等一些地区所表现出的乡村空心化以及衰落相比，泰州乡村仍然显得生机勃勃，农民生活条件较好，并未出现严重的空心化现象。

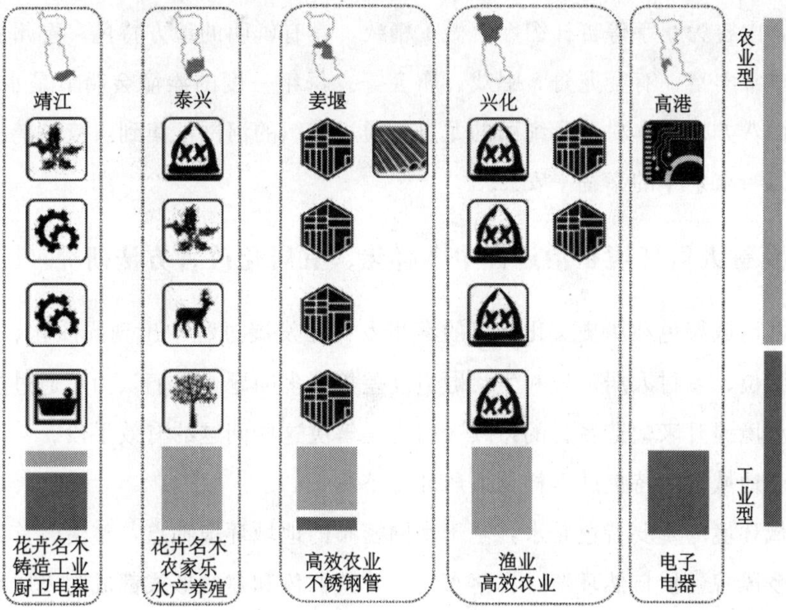

图 9　泰州乡村特色产业分布

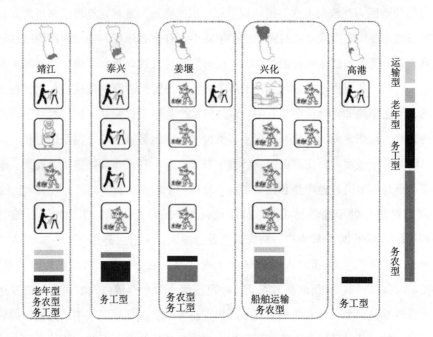

图 10　泰州乡村人口结构分布

（3）泰州历史文化背景深厚，乡村历史文化遗迹和传统习俗也非常丰富

泰州传统民居古朴典雅，以青砖为主要材质，多为三开间院落式坡屋顶建筑，屋脊上有镂空砖雕，内容为喜字等吉祥图案，做工精致，具有鲜明的地方特色。泰州乡村的传统民俗活动也非常丰富，有赛龙舟、唱戏、庙会等。每年一度的溱潼会船节是水乡的盛事，村民们从四面八方划着本村色彩绚丽的龙舟，通过交织的河网汇集到溱潼喜鹊湖，进行划龙舟比赛，以祈求来年的幸福平安。

4.2　泰州乡村人居环境整治过程中多样化、宜居化改善方法研究

针对极富地域特色和历史文化价值的泰州乡村在发展过程中出现同质化、建设粗放、基础设施不到位、乡村人居环境和生活舒适度差等诸多问题，我们认为，通过多样化、宜居化的人居环境提升来塑造乡村的持续吸引力是解决这些问题的有效手段。

（1）基于地域环境特色的多样化人居环境整治

泰州地域环境的重要特色是水，基于水网密布的地域环境特点，整治时首先应从宏观层面保持水乡风貌，使自然环境、村落布局、建筑群体和建筑形式都成为人居环境的重要组成部分。例如，泰州北部属淮河水系的村庄，应注意保持村庄沿密集水网展开的团状布局，而南部属长江水系的村庄，应注意延续沿水的线状机理。乡村的新建项目应该严控对

水面的占用，处理好与水面的关系。应该大力加强以保护和发扬水面为主要特色的乡村基础设施建设，加强河道和水面整治，净化水质，改善环境，增加污水处理设施。水质有保证了，沿水的村庄特色和与水相关的特色产业才能够蓬勃发展，包括增强渔业，增加临水景观和休憩空间，发展特色和生态旅游业。同时，由特定地域环境形成的有地方特色的历史文化背景、景观和民俗也是形成多样化人居环境的重要组成部分，如泰州村庄的乡野氛围和油菜花、银杏树等特色景观，以及会船节等民俗。

（2）基于建筑历史文化价值和重要性的多样化建筑环境整治

在调研中我们认识到，虽然乡村建筑是体现地方特色，传承历史文化的重要载体，但是也完全没必要所有的建筑都要按传统建筑的要求加以整治，应该根据建筑的历史文化价值制定多样化的建筑环境整治措施，重点区域的建筑要切实体现本土优越的审美价值，在普通民居项目中适当加以引导，不能一刀切。

对于传统村落而言，在实际工作中可以参照城市历史街区的保护方法分为三个层面：一是重点保护区，指村中重要的历史建筑，如祠堂和重点民居等，重在保护历史建筑的原真性；二是风貌控制区，指重点保护区外围的区域，重在延续历史风貌的前提下，保护和建设并重；三是环境协调区，指风貌控制区外围普通住宅集中的区域，与村民生活息息相关，以建设发展为主，这里的建筑没必要全部亦步亦趋地模仿古建筑，只要与村庄的整体历史环境相协调即可。

对于具体建筑而言，可以通过示范项目探索如何处理好工业化、标准化和地域性的关系，增强村民对于传统文化的信心，证明可以让村民在既享有现代建筑品质又经济合理的前提下拥有反映地域特质的乡村建筑，然后，在乡村建筑的新建和改建过程中利用村民模仿从众的心理定势普及之。

（3）基于特色产业为村庄经济发展提供指导，促进村庄整治的长期化和规范化

泰州乡村的总体经济发展水平较高，村民生活富足，但也有一些村庄经济发展相对较差。在调研中我们深刻感受到，村中的特色产业越发达、村民收入越高，其村庄人居环境整治的要求就越高。因此，在村庄整治过程中，基于发展特色产业为村庄经济发展提供指导，提高村庄自身的造血功能，对于促进村庄人居环境整治工作落到实处，并促进村庄环境提升的长期化和规范化无疑具有重要的意义。

（4）基于基础设施提升的宜居化乡村人居环境提升

从调研的情况看，虽然这一代农民基本愿意待在村里生活，但是他们几乎无一例外地希望自己的后代生活在城里，这种现象很大程度上是由于乡村基础设施水平和城市差距大引起的。对的于泰州规模大、效益好又充满活力的乡村而言，短期内通过迁村并点提高基础设施水平的做法并不合适，而应该努力提升乡村基础设施水平，增强教育、医疗、商业

和文化娱乐设施的配套，提升乡村人居环境质量。

我国著名经济学家林毅夫强调，公共基础设施建设作为新农村建设的着力点有几方面理由：一是能够创造就业机会，带动农村产业结构调整；二是可以增加农民收入，增强农民的购买力；三是农村基础设施改善以后，农民可以进入到现代化的生活，分享现代文明，实现良性循环[⑤]。

在调研中发现，有一些地方的整治工作太过关注形象工程，有的地方建设了大规模的农民广场并集中设置许多健身设施。但因农民广场大多位于村公所附近或村口，离村民居住地还有一定距离，因而使用率有限，大多数情况下只是作为接受领导检查的设施。

当前村民的生产生活方式和过去相比已经发生了非常大的变化，为了让整治工作落到实处，有必要思考究竟发生了哪些改变、多大的改变，这些变化对村庄环境建设提出了哪些新的要求，又如何把这些新的要求反映到村庄人居环境整治工作中来。

(5) 基于建筑性能提升的宜居化乡村居住环境提升

住宅建筑居住舒适度的提升是提高乡村宜居水平的重要措施，而建筑性能的提升是其中的重要一环。

对于泰州乡村建筑而言，为了达到基本的使用舒适度，首先应该提升建筑围护结构的热湿性能。在国家大力推进建筑节能背景下，城市的建筑节能有了很大提高，而乡村建筑在这方面几乎还是空白。对乡村建筑而言，首先是墙面和屋面增强保温隔热措施，地面和墙面加强防潮措施，使用节能门窗等。其次，在设计中着重运用被动式方法来加强采光通风，充分利用庭院、天井等空间形式来调节住宅的微气候环境，针对地形特点运用住宅南侧水塘在夏季带来凉爽湿润的空气等都是非常有效的方法。

农村建筑还应尽可能利用符合本地特点的可再生能源及设施，如太阳能热水器、沼气池等等，以减少对城市能源系统的依赖。

注释

① 本文是江苏省住房和城乡建设厅 2012 年重点项目"江苏省泰州市乡村现状调查及人居环境改善策略研究"、亚热带建筑科学国家重点实验室开放基金（2010KB17）和城市与建筑遗产保护教育部重点实验室开放基金（KLUAHC1010）研究成果。

② 刘奔腾、董卫："同质化背景下村镇特色空间保护——以赤岸为例"，《现代城市研究》，2010 年第4 期。

③ 王竹、范理杨、陈宗炎："新乡村'生态人居'模式研究——以中国江南地区乡村为例"，《建筑学报》，2011 年第4 期。

④ 张俊："新乡村建设的基本问题"，《时代建筑》，2007 年第 4 期。

⑤ 中国城市科学研究会：《中国小城镇和村庄建设发展报告》（2008），中国城市出版社，2009 年。

村庄整治中的传统特色延续与规划引导

——无锡村庄整治规划的点滴体会

鲁晓军　门坤玲

摘　要　村庄传统特色的保护传承，不仅应关注"物"，也应关注村庄可持续发展所依托的经济、社会和环境基础。不仅要善于因村而异找到特色，而且要认识这种特色的当代价值。村庄特色的保护和延续，具有层次性，除了在规划设计阶段"图画"好空间形态特色，更重要的是在实施中引导村民自主建设美丽家园。上述物质空间的特色延续，最终依托于政策引导——经济社会机制的重构。

关键词　村庄整治；传统特色；规划引导

1　引言

党的十八大报告提出了"美丽中国"的全新概念，这幅美好的图景既包含现代化的城市，更包含了广大的乡村。江苏省于 2011 年开展的"美好城乡建设行动"，正是对这一目标的率先探索。村落，作为最初的人类聚居地，在人类社会发展中始终扮演着重要角色。乡村特色是村落经过长时期积淀并传承下来的人、建筑、自然的协和体，是人类发展过程中与自然协调共生的结果，在现代化进程中不应被遗弃（郑军德，2009）。乡村特色不但涵盖了当地的地理气候、地形地貌、地方材料、地区建筑等物质因素，还蕴含了本地的文脉传承、生活习惯、宗教礼仪和风俗人情等人文因素。无锡地处江南，经济发达、风景秀美、底蕴深厚，但是在城镇化快速推进过程中，村庄出现了拆迁撤并、老旧衰落和模仿城市的问题，乡村空间正面临着全方位重构（张泉，2006）。在这样的背景下建设美丽乡村，关键是如何在乡村空间重构中挖掘好传统特色，厘清村庄特色保护的当代价值，并在此基础上引导好规划布点村庄的特色发展。

作者简介

鲁晓军，无锡市规划设计研究院副院长，高级规划师，国家注册规划师；

门坤玲，江南大学设计学院讲师。

2 传统村庄的特色挖掘与解析

2.1 区位"便"——近于市镇，隐于乡野

江南自古繁华地，这里人口稠密、城镇密集。以无锡为例，镇区（含撤并后留下的原集镇区）分布密度约为 25 个/千平方公里，远远超过长江三角洲（15 个/千平方公里）和珠江三角洲（13 个/千平方公里）的平均水平，是全国少见的城镇密集分布地区。由于城镇密集分布、交通网络发达，使得外围村庄存在一个共同的特点，即"近于市镇，隐于乡野"——村庄既可以便利地享用城镇公共服务、可达性高，又处于自然环境之中，形成一个个"桃花源"式的小型聚落。调研发现，多数村庄离城的车程 20—30 分钟，离镇的车程 5—10 分钟，各级道路方便通达；但这些村庄往往又被绿色空间隔开，可谓"一篱一世界"。区位"便"的特点也使得这些村庄具有高度不稳定性，随时面临被拆并、与城市同质化、老旧衰败等问题；反之，如果这种独特的区位优势得到合理运用，就能找到新的发展动力。

2.2 意境"美"——田园诗画，梦里水乡

江南传统村落内部大都小桥流水、建筑精美，外部田野开阔、阡陌纵横，偶有低山浅丘散布其间，农田自古精耕细作。地狭人稠和精耕细作的特点，使得单个村庄规模都不大，便于融入大自然。"田间有村，村后有竹，竹边有水，水倚田园。有着粉墙黛瓦的朴素、青山碧水的清纯、田园风光的恬然"，这就是人们心目中美丽的江南乡村。这样的地域环境，也孕育出流传千古的田园诗、山水画和建筑艺术。"一去二三里，烟村四五家。亭台六七座，八九十枝花。"邵康节《山村咏怀》寥寥数句，写尽田园山乡小村的神韵。陶渊明的《归田园居》，则让"久在樊笼里，复得返自然"的都市人对田园风光心神往之。

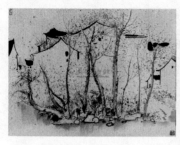

图 1 都市人憧憬的田园诗画意境

2.3 格局"敞"——边界开放，融入自然

传统农村的文化是内向的，但是其空间格局却是开放的。同城市的居住区建设不同，村

庄没有明确的边界，即使有边界，也是相对模糊不清的，这使得它与自然环境高度融合——建筑融入田野，田园渗入村庄。这种开敞格局的形成，源于乡村生产、生活、生态三位一体的特质，是自然而然、因地制宜的。调研发现，多数村庄边界都有大量菜园、果林等自留地，还有多条河浜深入村庄，形成自然空间与人工环境相交错的开敞式格局。

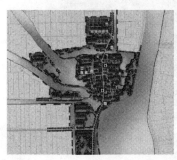

图 2　玉祁镇高家尖、礼舍，鹅湖镇谢埭荡：村庄与水系、田园的有机交融

2.4　形态"活"——建筑布局"自由散漫"，道路走势"自由自在"

村庄的建造，得承于宗族治理下的一种礼让。随着年代更迭和社会变革，不同家族变迁产生的房屋修造在村庄内实现了有机拼贴。从建筑布局来看，朝向多为南北向的，偶尔也有东西向的；组合上既有前后进的，也有联排房屋；既有独立的，也有独立＋拐角厢房的；场院分为有场院、有前后院、套院、侧院或者无场院。这样的诸多差异和相互牵制使得建筑布局"自由散漫"。而村内道路多是随着河道和建筑布置后留下的空间选择的，因此往往显得"自由自在"。实质上"自由"的背后往往存在着一种复杂的秩序，包含风水观念等。这种复杂的和谐秩序是乡邻间经年累月协调乃至"斗争"磨合的结果。这种"自由"是在城市居住区中无法再现的活泼形态。

2.5　尺度"小"——人工营造，人的尺度

传统村庄的营建多是人工的，没有或少有机械化的支持，因此一切的尺度都是人的尺度。小街小巷、小河小桥、小屋小院——"小"是所有空间的共有特征。农村就是片小天地，也是一个小世界，农民过的是小日子。"大"固然震撼人心，却没有"小"来得面目可亲。在村里，"遇人侧身让，隔路拉家常"、"树下有屋，檐下栽竹"、"茅檐低小，溪上青青草"，这就是基本的人的尺度。有了"人"这把标尺，道路宽度、房屋高度、相互距离、各种物件大小尺寸都有章法可循，即使没有城市里严格的规划管理制度，一切空间也不会失度。

图 3   阳山镇寺舍村：建筑与道路布置的自由境界

图 4   阳山镇寺舍村：植物、房屋、小道构成了人的空间尺度

2.6   环境"野"——乡土素材，经济实用

传统村庄的空间形成多没有经过系统的景观设计，没有很强的人工印记，往往显得富有"野趣"。在建筑选材上，本土材料运用得多，如石材、木料、竹子的运用，场地一般少用水泥硬地铺装，谷物晾晒常在大型竹席等一些农器具上解决。绿化则就地取材，充分种植乡土树种，且以乔木为主，少用灌木，草坪是绝对不用的。这种绿化平常无需额外养护，成本低、效益高。此外，还充分利用家前屋后、庭院山墙、渠边河滩等边角地进行绿化，所谓见缝插绿。很多村庄因山、因水、因田布置，绿化就采用本地的一些经济林果，如阳山的水蜜桃，这本身就是最佳的景观设计。

图 5　阳山镇朱村：充分利用地方材料、乡土物种的乡村环境营造

2.7　消耗"省"——资源利用，有机循环

在工业文明进村前，农民的饮水、洗涤、浇灌、燃料、肥料、建材，多从自然获得，并最终归还于自然。传统意义上的农村，是集约型社会的典范——自给自足、消费节约、就地循环。正如仇保兴（2008）所述，从消费方式来看，农村、农业是低成本、循环式的。在农村，所有废物都能够得到利用；而在城市或工业，从农村进来原料经加工、消费，最后变成废物并直线性排放。从能源结构来看，传统农村燃料采用的秸秆、柴火，基本上属于温室气体零排放的用能模式；而城市全部采用化石燃料所生产的商品能源，故全球75％以上的温室气体来自于城市。因此，真正的低碳和循环经济存在于传统的农村、农业。

2.8　景观"真"——农家生活，真实不虚

城市的家庭生活是封闭的，而农村的家庭生活则大多是开放的，串门是农村生活的一个重要特征。村内居民的生产生活行为，大都在屋前场院内、村内水井边和村边河滩头得以完成，因此这些劳作场所，往往也成为村庄内部非正式的公共空间和半公共空间。在很多城市人眼里，这样的劳作场景本身就是一道风景。这样的交往空间、交往场景在城市内部，必须经过规划和景观设计人员精心安排才能得以实现，但是在村庄里，这是再真实和自然不过的状态。从这个意义上讲，景观确实包含了人类生活的全部。

图 6　阳山镇寺舍村：农村劳作活动的场景

2.9　文化"纯"——乡土风情，淳朴原真

"五里不同风，十里不同俗"，乡土风情是村庄特色的一个重要方面。一方水土养一方人，传统的村落都在自己的土地上扎下深深的根。江南自古繁华地，这里民风淳朴，行事规矩，重教崇文。经济的繁荣孕育出了具有地方特色的民俗文化、节事，也有了远近知名的农业物产、乡土特产。经过社会经济变革，目前无锡地区村庄的祠堂普遍不存在了，但在村庄规划调研中，我们发现基本上每个村庄、姓氏都有自己为之自豪的家族历史、荣光义事，且在家谱中均有确凿的记载。这种源于氏族宗亲的血脉纽带，隐隐约约依然存在，是非常可贵的文化源泉，应当好好保护。

图 7　阳山镇寺舍村的周氏家谱和麦饼土特产，玉祁镇礼舍村的舞龙

3　村庄特色的当代价值

当前有一个普遍的观念，就是农业生产的比较优势已然不在，乡村务农人口大量过剩，总体上要向城镇转移，传统村落的生长环境已经彻底变化，百姓期望过上现代化的生活。在这种形势下，传统村落的保留还有必要吗？保留下来还有实用价值吗？要回答这个问题，就应该立体认识传统村庄特色的当代价值。

3.1　景观审美价值

现代城市规划的启蒙者霍华德讲过，乡村与城市有着完全不同的文化形态、景观特色，乡村空间特色应该尽可能地保留，以避免与城市的"趋同化"。乡村与城市应该像"夫妇"那样互补结合，才能萌生新的希望和生机。刘易斯·芒福德也认为，"应把田园的宽裕带给城市，把城市的活力带给田园。城与乡，不能截然分开；城与乡，同等重要；城与乡，应当有机结合在一起。如果问城市与乡村哪个更重要的话，应当说自然环境比人工环境更重要。"但是，当前我国的城镇化正催生大规模集中力量，乡村正面临衰落、瓦解的挑战。像无锡这样的城镇密集地区，已经不是乡村包围城市，而是城市（园区）包围

乡村。正是在这种城市和乡村的强弱比较中，乡村景观的"非都市化"价值才得到凸显，且是那样弥足珍贵，传统村落空间特色的保护才显得必要和紧迫。

阿诺德·伯林特博士认为乡村景观的价值来源于亘古未变的审美。审美活动是人类最具本质性的存在方式，是人类精神需求的最高层次。乡村景观的审美，或称乡村环境美，包括三方面：一是大尺度、粗犷的田园风景，往往以"线条"、"斑块"和"色彩"组成一个纯粹形式，并以日常环境真实存在；二是精致、细腻的村庄聚落的内部构造，是集中展示和谐人居的典范，它充满了地域感、民俗感、场所感和礼序感，是人地关系、人与人关系高度和谐的产物；三是乡村生产、生活、生态三位一体的图景，与"趋同化"又"标新立异"的都市景观审美，有着本质的区别。

"种田人羡慕读书人，读书人则羡慕种田人"，距离产生美、新奇产生美的审美倾向是客观存在的。好比几十年前肯德基造访我们的城市，当时我们那种好奇、羡慕、渴望和享用后的满足感，是现在的孩童难以体会的；但是现在已为人父母的我们，面对各种洋快餐，又作何感想。同样地，在城市蔓延，放眼"一张脸孔"的都市景观下，维持和保护乡村景观显得如此重要，甚至可以说是悲壮，就像在城市里要保护历史文化街区那样困难。因为，我们还有大量的人群，依然对物质繁华的都市生活和现代化的设施充满着迷恋与渴望，所以一旦失去最后的坚守，就意味着一种审美的消亡。

3.2　宜居生活价值

美学家朱光潜先生谈美，立足于"科学的态度、实用的态度、美感的态度"，即"真、善、美"。"美"是无法脱离"真"、"善"而存在的。因此，在研究乡村景观审美的同时，我们应该更多地关注其居住的实用功能和支持系统的当代延续。仇保兴认为，乡村作为一种人类居住的聚落形态将长期存在。

传统村落的人居环境是人与自然高度和谐的杰出典范。在当前环境下，分析其竞争力的缺失，主要是满足现代生活设施发展的滞后。要提升村落的居住质量，应在"里应外合"上做文章，即在房屋内部和村庄地下解决好满足现代生活的基础设施，在村内完善部分公共服务设施；在房屋外部，则要维持和协调好建筑与自然空间的有机融合问题，保持好乡土风貌。"里应外合"能够达到村庄的"老瓶装新酒"，并且实现宜居目标。

乡村田园式的居住理想，并不是中国人独有的专利。欧美在工业化、城市化过程中，面对复杂的城市病，都为人类的理想人居模式做了大胆探索，如霍华德的田园城市、赖特的广亩城市。我们的城镇化也在经历相似但有差别的发展阶段，苏南各地正面临城乡发展一体化的阶段性任务，相信只要解放思想、因地制宜、大胆尝试，完全有可能在这片充满诗情画意的土地上，传承和开创出一种人类理想居住的新模式。

3.3　休闲经济价值

一些部门和人士认为，在苏南地区，相对于发达的二三产业，农业的比较优势已经丧失，导致劳动力和资源向其他部门转移，经济"去农业化"是大趋势。实际上，这是对农业固化的、静态的理解，没有用发展的眼光认识农业。早在 19 世纪的法国，人们已经利用周末或是节假日到郊区和农村地区进行休假、观光娱乐、科普教育、生态服务等休闲旅游活动，农业走向"城需型"发展道路。在我国经济发达地区，随着都市人群闲暇生活的扩展，乡村风光、乡村生态、乡村生活、乡村民俗等都成为了其休闲旅游活动的对象物。伴随休闲观光、农事参与、品尝乡村美味、欣赏乡村文化、参与乡村传统节庆活动、体验乡村生活等项目的综合型旅游活动的发展和提升，乡村休闲旅游业必然与农业多元化经营、新农村建设有机结合，成为实现乡村经济可持续发展的新途径。

苏南各地的村庄，多邻近大都市，因地制宜发展"城需型产业"，可以满足数百万都市人群潜在的消费需求，将产生一个巨大的内生性消费市场。目前，一些地区已经探索性地开展农业产业化综合改革试点工作，包括土地经营权流转、新型经营体制改革、休闲观光农业建设、乡村旅游体系建设和科技农业体系建设。如南京在城乡统筹中加快特色农业园区建设，苏州在城乡一体化进程中大力发展乡村旅游。这必将为乡村地区实现经济跨越式发展插上腾飞的翅膀。

3.4　文化社会价值

从物质文化层面看，传统村落具有鲜明独特的乡土建筑文化，其内含的是天、地、人和谐共处的智慧，遵循了"人法地，地法天，天法道，道法自然"的"天人合一"的生态观，是生态文明的极高体现，是美丽中国、美好家园的智慧表达。从非物质文化层面看，乡村自发形成了各地特有的传统习俗、乡规民约和宗族文化等非制度性规范，并借此进行乡村社会的自我整合和治理。因此费孝通先生在《乡土中国》中指出，长期以来，依托于乡村生活的农民，以乡土为根基，以乡情为纽带，形成了难以割舍的恋乡情结。从社会文化层面看，这些传统村落的治理，以亲仁善邻为道德态度，以乡邻和睦为价值目标，以相容相让为基本原则，以相扶相助为伦理义务，因此大体上是乡村礼治的社会，是一个以"近距离"为特征的、给人以充分"家"的归属感的世界，是以人伦关系为依托而建构起来的人伦共同体，是人们心灵家园的道德交往空间（赵霞，2011）。

站在当代文化和社会建设的层面，无论是物质领域的乡土建筑保护，还是社会领域的乡村治理，都能在传统村落的传承中找到新的价值基因，在此基础上，可以转化提升为新时期乡村社会管理的创新机制，这与国家"夯实基层组织、壮大基层力量、整合基层资源、强化基础工作"的社会管理创新工作的大政方针是内在契合的。

4 村庄特色延续的"三层次"规划引导

4.1 第一层次："方案引导"物质空间形态特色

一是空间肌理的延续。在村庄规划布点的特色选择上，应针对长期处于非城镇建设区域的乡村型村落进行规划布点和近期整治，包含种植养殖特色村、旅游休闲特色村、文化保护村等。在建设整治的方式上，多数宜采用整治型，个别采用整治扩建型，以最大程度地延续村庄原有形态特色。在村庄空间特色彰显上，主要针对入口不明显、道路管线滞后、私搭乱建、乱堆乱放、卫生不洁、停车困难等具体问题，抓"边缘"、"节点"等结构性空间塑造，如村落外边缘、家河边缘、道路边缘、房屋场院边缘的环境整治和村口、村中心等节点空间的提升塑造上，尽量避免大拆大建。二是文化元素的注入。充分挖掘人文历史和乡土习俗的素材，丰富村庄特色的内涵，如在玉祁镇礼舍村整治规划中将当地"礼"和"社"的文化具体落实到老街的空间保护中，并有效组织了村内公共空间节点。此外，在公共空间安排上，也可以结合当地庙会、节场，组织好场地和街道布局。三是休闲经济的空间预留。充分考虑乡村旅游的发展，在整治中留好休闲经济的发展空间，这些旅游要素的存在，本身也是对本土特色的弘扬。四是运用一些农村适用科技支撑特色的延续。如生活污水的生化处理、生活垃圾分类无害化处理、堆肥资源化利用、太阳能和沼气等清洁能源的运用。在保持村庄传统特色的同时，尽量提升现代基础设施水准和节能减排水平。

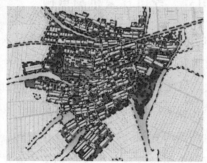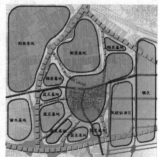

图 8　礼舍村整治中的格局保护、肌理延续和经济空间预留

4.2 第二层次："过程引导"乡土建筑环境保持

一是在踏勘调研中挖掘特色、构思方案。如在阳山镇朱村整治中项目组不但摸清了每一棵树、每一眼井、每一方菜园的情况，还掌握了村民生活作息情况，并通过与文化站、

村干部、村内长者（老党员、老干部、老教师）和普通村民的访谈，理解农村产业经济、文化习俗、生活习惯的特点，甚至还解决了个别孤老的居所和供养困难，尽量避免方案遇到"水土不服"的问题。二是广泛发动村民参与整治工作以保持村庄特色。村民是使用村庄环境的主体，因此既要依靠社员，又要规范和引导好社员，如家前屋后、排水沟渠的环境清理，自家违建拆除和房屋修缮，确定自家的环境"包干区"等等。农民最理解自己的生活，他们结合设计方案整治出来的作品，往往更具乡土特色。比如在村庄内部留下"微田园"，房前屋后、前庭后院，栽瓜种菜，鸡犬之声相闻，既有实用价值，又保有农村特色和乡村生活的情趣。三是材料工艺的乡土保持。尽量利用好外围村庄拆除中大量建筑材料和农村自有材料，这些材料既有实用价值，也非常具有地域特点。施工队伍和劳力也尽量从本地筹集，这样不但有利于节约投资，保持地方传统工艺，还能提高本地村民的主人翁意识。

图 9　阳山镇朱村整治中的居民生活观察和地方性材料利用及乡土施工

4.3　第三层次："政策引导"经济社会机制重构

一是农业经营体制创新引导。新的中央一号文件明确，要引导农村集体土地承包经营权有序流转，加快推进农村地籍调查和确权登记，促进农业生产经营模式创新。要扶持联户经营、专业大户、家庭农场，提高农户集约经营水平。在具体实践中，阳山镇已经开始探索在全镇范围内实现规模化经营体制的创新，促进村庄内的土地流转，创新农业生产组织方式，将传统的个体种植逐渐向种植大户、种植合作社转变，并最终以农业专业户的经营模式稳步集中土地使用权和承包经营权，做大做强阳山水蜜桃产业。二是乡村旅游产业发展引导。在新农村建设中，要看到环境改善后带来的休闲经济发展机遇，发展乡村旅游产业，找到农村经济发展的又一支点。如阳山镇朱村借"靠近城镇、紧邻度假区"的区位优势，全面规划乡村旅游发展，并将产业发展、队伍建设、村民培训与村庄规范化管理系统考虑，为今后乡村产业发展摆脱传统的工业企业依赖，全面改善农村大环境，提高农村居民现代化意识，实现经济、社会、环境的可持续发展打下了坚实基础。三是农村社区自

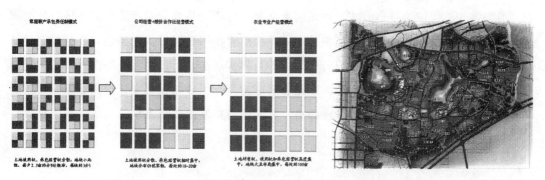

图10　阳山镇桃园村：引导"个体种植"走向农场化的
"专业户经营"，保持"桃花源"特色

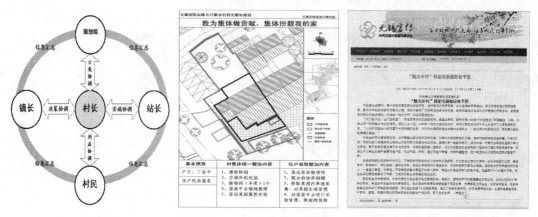

图11　阳山镇朱村：整治组织架构、农户"包干区"整治的管理探索，得到媒体大力宣传

治管理创新。如朱村整治前，围绕规划实施搭班子、定章程，建立了"以村长（支书）为中枢"的领导管理工作组织，确保了各层级工作的高效运转，逐步恢复和强化了村级社会管理机能，完善了村民小组集体议事制度，还制定了村规民约，重点明确了全村住户对村庄环境建设成果维护的责任义务。在这次村庄整治活动中，广大村民还接受了一次村镇建设知识、乡村旅游知识、集体议事知识等相关内容的学习，掌握了新信息，提升了审美情趣；通过政府组织的先进样板村考察，不仅开阔了眼界，而且激发了自我发展、自我治理的热情。

5　总结

在乡村重构的关键时期，村庄空间特色保护和延续的任务不仅十分必要，而且十分紧迫。村庄传统特色的保护不应局限于"物"的层次，不能像城市中的多数历史文化街区采取"博物馆式"保护的静态方式，而是应该立足于村庄可持续发展所依托的经济、社会和环境整体运转的内在机制。在村庄整治中，不但要善于因村而异找到特色，而且要充分认识这种特色的当代价值。村庄传统特色延续的具体实现途径可归为三个层次：一是在规划设计阶段"图画"好物质空间形态，二是在实施中充分引导村民自主建设美丽家园，三是在上述物质空间的基础上完成好产业经济、社会管理机制的创新重构。

参考文献

[1] 仇保兴："村庄整治与城乡协调发展"，《学习时报》，2008 年第 4 期。

[2] 张泉等：《城乡统筹下的乡村重构》，中国建筑工业出版社，2006 年。

[3] 赵霞："'三化'进程中乡村文化的秩序乱象与价值重建"，《安徽农业科学》，2011 年第 12 期。

[4] 郑军德："村落更新应留住乡村特色——对浙江中部地区村落更新的思考"，《浙江师范大学学报（社会科学版）》，2009 年第 4 期。

村庄环境整治中的特色塑造

——以南京市佘村为例

高世华　陈清鋆

摘　要　在江苏省村庄环境整治工作中，如何根据村庄的传统特点，保持与延续村庄个性特色，避免"千村一面，万村一貌"，是确立和维持一定地域内乡村聚落发展、演变方向与秩序时需要考虑的重要内容。村庄特色发展关系到乡村地区发展活力，关系到人居环境质量的综合提升。本文针对现状特点不明显，但富有地区特色和文化内涵的村庄，以南京市佘村古村为例，论述了如何尊重村庄实际情况，充分挖掘村庄特色资源，借助村庄环境整治行动实现村庄的特色塑造，推动村庄的可持续发展。

关键词　村庄环境整治；根治；古村；特色塑造

1　背景

1.1　江苏省美好城乡建设行动

为全面推进"美好城乡建设行动"，江苏省委办公厅和省政府办公厅于 2011 年制定并印发了《全省美好城乡建设行动实施方案》、《全省村庄环境整治行动计划》等通知，在城乡规划、建设和实施管理过程中，以改善和提升人居环境、引导和保障城乡集约发展为目标，系统调研目前乡村发展基础和农民切实需求，并以此提出合理、科学的应对策略。在着力改善村庄环境面貌方面，按照"六整治、六提升"的要求开展村庄环境整治，使"村容村貌更加整洁，生态环境更加优良，乡村特色更加鲜明，公共服务更加配套"，力争3—5 年内全省村庄面貌有一个根本性改观。

1.2　江苏省乡村现状调查及人居环境改善策略研究

为系统提高全省村庄环境整治工作的科学性与针对性，统筹城乡建设发展，进而推动全省城乡发展一体化进程，江苏省住房和城乡建设厅开展了"江苏省乡村现状调查及人居环境改善策略研究"的专项研究，分别委托省内城乡规划和建筑设计等相关领域的专家学

作者简介

高世华，江苏省城市规划设计研究院副院长，教授级高级规划师；

陈清鋆，江苏省城市规划设计研究院高级规划师。

者和规划设计单位组成 13 个课题组，以省辖市为单位开展了大规模的村庄调查。调查内容包括农民意愿调查，村庄经济社会调查，村庄人居环境调查与空间分析，是一个"三位一体"的田野调查。调查研究工作历时半年多，覆盖全省 13 个省辖市各类村庄，在此基础上形成了以 13 个省辖市为单位的乡村调查报告，283 个村庄报告和 1 份全省报告。

1.3　南京市村庄环境整治及佘村概况

南京市作为六朝古都，历史悠久、资源丰富、地域广阔，现有自然村 7571 个，根据市政府相关要求，要用 2 年时间全面完成村庄环境的整治任务，其中 2012 年全市计划实施 4186 个村庄整治。随着村庄环境整治工作的稳步推进，相关的技术标准越来越成熟，具有普遍的可操作性，易于推广。大部分村庄通过加强环境卫生整治和建筑出新，环境面貌得到显著改善。城乡污水、垃圾处理以及配套设施的建设，使得居民的生活水平得到较大程度的提高。村庄环境整治行动得到了广大村民的支持和拥护，取得了阶段性成效。但面对如此大规模、快速度的环境整治行动，一些问题也逐渐显露出来：部分村庄在整治过程中忽视特色挖掘和塑造；整治的方法过于简单化、模式化，少部分甚至起到相反的效果，使得一些有特点、有潜质的村庄资源难以得到充分展现。

佘村作为本次江苏乡村现状调查样本之一，正在进行村庄规划的编制工作，传统的村庄整治工作已于 2012 年逐步开展起来。

本文以南京市佘村为例，在对村庄进行现状调研的基础上，就如何塑造村庄特色，提高村庄环境整治工作水平，进行初步研究和探索。

2　价值认同是村庄环境整治的前提

2.1　历史文化价值

城市文明大多起源于乡村。乡村地区的历史文化资源具有历史悠久、内容丰富、分布广泛的特点，但受保护资金和重视程度的限制，乡村地区历史文化资源的保护远远落后于城市地区，传统村庄的历史价值和文化价值难以得到平等的认同。

佘村位于南京市近郊，交通便捷，历史悠久，最早有资料记载于元末明初，村中拥有众多文物古迹和民俗传说，在当时金陵（南京）通济门外名闻遐迩。但随着村庄外来人口逐渐增多，原有宗族观念逐渐淡薄，民众的文物保护意识普遍较差，许多文物古迹已逐渐消亡，现存文物保护单位也急需修缮。《南京市历史文化名城保护规划》明确佘村为南京市重要古村之一，重要性仅次于历史文化名村，是南京乡村地区的优秀代表。其中，佘村明清建筑群是体现其历史文化价值的核心内容，展现了南京特色的明清建筑文化和民俗文化（图1），佘村的价值已经逐渐得到各界的认可和重视，也迎来了恢复活力的最佳时机。因此，通过村民会议、入户普查、访谈交流等方式，让新一代村民了解本村的悠久历史文化，增强村民的自豪感和责任感是首先需要解决的问题。

图1　佘村古建筑砖雕

2.2　自然环境价值

佘村位于南京市东南部重要的生态廊道内，处于青龙、黄龙两条山脉之间，山峦起伏，北面有依山势而建的横山水库（20世纪70年代农业学大寨时代所建），南面有掘土筑堤而起的佘村水库（大跃进时代所建），两座水库既是农业灌溉之源，又形成了峡谷平湖的绚丽风光，拥有良好的生态环境（图2）。

图2　佘村实景

受历史发展限制性的影响，开山采石、采矿对青龙山—大连山地区山体及植被带来了严重破坏，仅佘村就有近10家采矿企业，山体已经遭到了严重破坏，部分宕口超过500公顷，面积十分惊人。开山采石不仅严重破坏了植被，造成土壤侵蚀，更使得山体及林地景观的生态和美学价值明显降低。通过社会各界的关注和各部门的通力协作，目前开山采石采矿企业已全部关停，山体复绿、宕口利用的方案也纳入了实施计划。

2.3　空间形态价值

佘村和大多数村庄一样，经历了不同时期大面积的就地改建，尤其是20世纪70年代以后，村内传统建筑普遍被推倒翻建，村庄现存80％的建筑是2—3层的现代小楼，形成

图例：
■ 建筑基底
▨ 道路网络

图 3　佘村现状空间肌理

"古村不古"的总体面貌。所幸的是村庄格局仍较为完整，顺应山体，就势而建，呈自然生长状态。村内巷弄发达，发展脉络清晰，村庄肌理保存较好（图 3）。两栋保存完好、建筑结构严谨、内部雕刻精美、具有明显徽派建筑风格的古建筑位于村庄中央，统领全局。

优秀的古建筑容易得到大众的认可，而村庄的传统格局和肌理犹如村庄的骨架，经过千百年的自然演变，更是乡土文化的精髓所在。但由于它并不直观，需要专业人士引导使村民获得共鸣，认识其价值。佘村应保护古村"山水田园、自然共生"的生态格局和生态场景，保护以文物保护单位为核心的古村整体空间格局和历史风貌，使其成为明清建筑文化、乡村宗族文化的杰出典范。

3　区域协调是村庄环境整治的基础

3.1　资源整合

近年来，乡村旅游热兴起，回归乡村的氛围日益浓厚。佘村既有普通村庄难得的自然资源，又有丰富的文化遗产，具有更为明显的优势。同时，佘村周边地区也是古镇古村分布较为集中的地区，石刻类的文物遗存尤为突出，仅全国重点文物保护单位就有 7 处之多，但大多位于山野、村舍与其他建筑群之间，未得到充分的保护和利用。为此，南京大学蒋赞初教授提出了"依据生态保护的原理，用点、线、面相结合的方式，组建成几条能够充分体现南京石刻文化并结合生态旅游的线路来进行有效保护的方法"。其中，"石刻文化之路南线东路"以"阳山—方山"概括，将佘村和沿线其他历史资源联系在一起，以文化保护带的形式串联沿线各点，鼓励形成旅游线路（图 4）。佘村作为节点之一，应积极响应并融入"南京石刻之路"，承担旅游线路节点服务的职能，展示乡村地区石刻文化、砖雕文化、木雕文化等民间瑰宝。

图 4　"南京石刻之路"南线东路

3.2　生态共育

　　青龙山地区作为南京重要的生态廊道之一，区域重要性日益增强，生态环境保护得到重视，为该地区的环境改善和品牌打造起到重要作用。山水相依是佘村的重要特色之一，也是村庄发展的重要依托。延续并突出佘村的山水特色，要与周边地区共同制定保护青龙山—大连山两大山体的措施，对山体的轮廓、山体的边缘线、山体的植被进行保护，严禁开山采石、毁林伐木，对已破坏的山体采取复绿等措施；规划登山专用道，打造山顶观景平台，共同保育生态环境，突出整个地区的地位和价值。同时，对水库周边地区的开发建设提出严格控制要求，保障水质安全和优美环境，连通横山水库与佘村水库间的溪流、水塘，突出"两山夹一水"的山水格局。

3.3　设施共享

　　乡村地区基础设施普遍较为薄弱，结合周边旅游产业的发展，借力外部力量，提升基础设施水平，完善道路、污水处理、环卫等基础设施的建设，是村庄环境综合整治、优化人居环境的重要组成部分。

　　佘村交通便捷，具有突出的区位优势，同时，周边旅游度假产品类型丰富并已逐渐得到市场认可。通过历史文化资源的进一步挖掘和旅游服务功能的配套，结合乡村旅游的特点，与周边高端旅游产品相错位，与周边旅游资源形成互补，避免求大求新，建设适合乡村发展的各类公共设施和旅游设施（图5）。

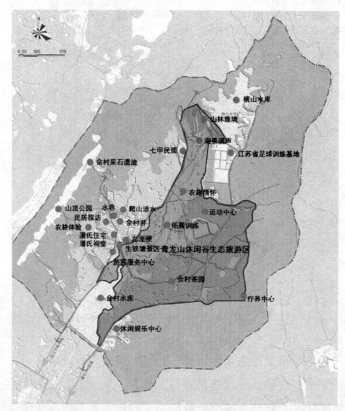

图5　佘村周边环境协调图

4　特色塑造是村庄环境整治的根本

4.1　打造特色产业

　　乡村地区特色塑造的朴实目的是为村庄带来经济利益，提高村民的生活水平。历史文化资源是佘村发展文化创意、旅游等绿色产业的最大资源，合理、适度的旅游开发是提高人们对历史文化遗产价值认识，促进保护利用，形成保护与发展良性循环的有效途径，可以将历史文化资源、生态环境的保护负担改变为健康发展的资源，对经济发展起到积极促进作用。

　　佘村在切实保护历史文化资源、自然资源的前提下，突出历史文化特色和生态特色，开发乡村旅游、生态农业、文化教育等绿色产业，形成特色产业体系，提升产业结构，实现"以保护促发展、以发展求保护"的资源保护与村庄产业发展的双向联动效应，进而将佘村打造成为南京近郊以农耕体验和休闲运动为特色的山水田园村落，南京青龙山郊野公园中重要的明清建筑文化村。

4.2　发掘特色资源

乡村地区家家户户都有种树的传统，虽然少有名贵树种，但大多树龄较长、长势较好，位于街边屋旁，与日常生活关系非常紧密，是非常有价值的特色资源。佘村对全村大树进行了普查、登记、评估和建档工作，制定了保护利用制度。结合现有的大树、零星空地布置公共空间，将一些天井扩大成院落，使其成为邻近几户人家的公共绿地，再通过传统街巷系统相联系，打造特色公共空间系统，改善村庄内部少有公共活动场所的现状。

村庄内的各类水塘、鱼塘、沟渠也是乡村地区的特色要素之一。将水系串联起来，在现有水系基础上进行梳理、组织，形成多元化的滨水空间，尽量保持自然岸线；保持和修理原有道路系统与水系的走向关系；注重临水住宅、公建的设计，将开阔水面与公共活动带相连，组织临水活动空间，成为继承传统文化活动的场所。

在进行物质文化遗产保护利用的同时，加强九龙埂文化、民俗文化等非物质文化遗产的保护利用，营造富有浓郁佘村特色的文化氛围，将历史文化资源的保护利用与村庄文化建设相结合，促进非物质文化遗产的保护利用，带动旅游产业的发展，丰富村民的业余文化活动，打造佘村文化品牌。

4.3　整体特色框架

佘村由耕地、低缓山地分割形成三个相对独立又联系密切的组团，这是乡村地区与周围自然环境融为一体的特点，不应强求规整统一。通过对组团之间农业用地的梳理，引导农业种植，形成以农业景观、农事操作活动和农俗体验活动为主体，富有乡土特色的农业观光体验功能区，成为各组团的联系纽带。

传统街巷是特色框架重要的组成部分，应保持原有空间尺度，不得随意拓宽街巷，保持两侧建筑的高度和体量，局部结合绿化、小品的配置改善环境。最终，形成以农地为纽带、传统街巷为支撑、组团式布局的整体特色框架。

4.4　特色游览线路

佘村有两条主题线路：历史文化游览线路将主要的历史资源组织起来，具有直观、突出的特点；观光游览线路将运动体验融入到山水文化中，适合休闲游览人群。两条特色线路汇聚在村庄中心，串联起佘村的所有精华。

同时，结合乡村特点，沿天然的田间水系布设富有农家特色的田埂小径、自行车道、登山道和骑马道，沿途布设风雨亭等休憩设施，形成完整的慢行系统。

4.5　中心特色塑造

一个村庄只有一个中心，它是村庄最为精彩的部分。佘村以祠堂为核心，将保护范围内与传统风貌不协调的建筑进行搬迁改造，将古建筑展示出来，以大树作为标志物，形成村庄中心（图6）。赋予中心文化展览、文化宣传、旅游服务、村民集会休闲等复合功能；以中心广场为活动中心，组织民间艺人、民间艺术表演队伍，开展乡村婚宴酒席等特色活动；同时，避免将城市的规划手法移植到乡村，通过增加绿地率，采用乡土材料、乡土树种等方法，塑造历史气息、乡土气息浓厚的村庄中心。

图6　佘村中心规划效果图

5　分类整治是村庄环境整治的技巧

对于人口规模在千人以上的村庄，如果对其进行大面积的拆迁或改造，对地方政府和村民来讲都是沉重的负担，因此，对需要改造整治的建筑进行分类，集中财力、人力，有针对性地进行改造整治是切实可行的策略。

佘村除了对少量传统建筑进行保护修缮外，将其余保留建筑分成修复、重点改造、局部改造、简单整治四类。修复建筑主要针对 20 世纪 70 年代建筑，该类建筑多为双坡单层三开间的老宅，建筑年代较早，使用周期较长，外墙多采用青砖包灰土或清水砖与毛石间砌的形式，该类建筑主要是保留现状风貌，根据建筑情况进行局部修缮。重点改造建筑主要集中在村庄中心，重点是复原围合中心界面的建筑风貌，营造具有历史氛围的代表地段。局部改造建筑位于特色游览线路两侧，通过传统建筑符号的使用，整治住宅周边环境，形成具有特色的线性空间。简单整治建筑占全村建筑的多数，以住宅为主，大都位于村庄内部，

对村庄风貌影响较小，可采取村庄环境整治的常
规做法，尽量减少成本（图7）。

　　建筑的分类改造整治既突出了重点，又避免
了大规模造"假古董"，大大降低了建设成本。

6　维护系统是村庄环境整治的保障

6.1　保障机制

　　村庄环境改善是一项持续性工作，稳定的
长效机制是强有力的保障。建立村庄调控引导机
制，鼓励渐进式的保护与改造方式，鼓励在符合
规划要求基础上的业主自修，对无力自修或对历
史建筑置之不理的业主，可考虑由政府收购或置
换房产。对需要搬迁的居民制定合理的搬迁政
策，尊重民意，采取集中安置、就地安置或货币
补偿等方式进行安置，既保护村民的基本利益不
受损害，也有利于村庄的整体利益。

■　修复建筑
■　重点改造建筑
■　局部改造建筑
■　简单整治建筑

图 7　佘村建筑分类整治图

　　环境卫生对村庄面貌影响较大，应建立完善的环境卫生责任制度。对街巷保洁、垃圾
管理、院内外责任区建立责任制，在村中划分卫生责任区，明确责任人。建立环境卫生保
洁队伍，配备专门用具、用车，由专人负责。

6.2　经费投入

　　村庄环境改善需要经济基础来支撑，实施整治和整治后的长效管理更需要一定的经费投
入。在这个过程中，政府推动和投入固然不可少，但农村产业的发展、农民收入的增加，才
是真正的原动力。目前，我省村庄整治的经费来源主要为行政村出资和村民自筹两类，同
时根据《省级村庄环境整治引导资金奖补办法》，由省级村庄环境整治引导资金对直接组
织实施村庄环境整治行动计划、直接承担村庄环境整治任务的县（市、区），按照村庄环
境整治任务量实行以奖代补的方式予以补助。但行政村出资和村民自筹仍是村庄整治的主
要经费来源，因此，村民的富裕程度和参与村庄整治的积极性在很大程度上决定了村庄整
治的成效。

　　同时，还可拓宽投融资渠道，按照"谁投资、谁经营、谁受益"的原则，鼓励不同经

济成分和投资主体以独资、合资、承包、租赁等多种形式参与农村生态环境建设、生态经济项目的开发。

6.3　实施时序

村庄的环境提升并非一日之功，也不是一劳永逸，根据村庄的实际情况，有计划、有步骤地实施是最终能否实现目标的关键。特别要合理制定近期目标，切记急于求成，进行详细的经济测算，加强投入产出的研究，制定分期分批实施计划。

7　公众参与是村庄环境整治的动力

加大宣传力度，开展各种形式的宣传教育活动，增强村民的文物保护意识、卫生意识和文明意识，提高村民的积极性和主动性。

将村庄整治与生产发展相结合，对村民进行生产技能培训，鼓励村民从事文化表演、手工艺制作、特色农业种植、旅游服务等职业。发展农家乐、家庭旅馆等旅游功能，鼓励原有村民回乡发展乡村旅游和休闲农业；鼓励村民增建栅栏及围墙，增加绿化，改善院落环境；通过乡村产业发展实现农民增收和集体经济的壮大，提升村庄自身的"造血"功能，使农民能实实在在地从中获益，进而更积极主动地参与村庄环境整治并自觉维护村庄环境整治的成果。这样的良性循环既可减少政府的投入，又调动了农民的积极性，使其以主人翁的姿态投入到村庄环境整治的工作中，其结果也自然更令百姓满意。

8　结语

在现状调研的基础上，针对佘村这类资源丰富、具备乡村旅游发展条件的村庄，充分挖掘特色、吸引游客、发展经济才是村庄发展的根本。村庄环境改善的目的就是通过对村庄潜力的挖掘，确定村庄的核心价值，引导村庄未来的发展方向，制定针对性强、可操作性强的建设规划，建立保持活力的维护系统，从下至上、从内至外地推动乡村地区的可持续发展，打造真正具有特色的美丽乡村。

参考文献

[1] 蒋赞初："南京地区六朝至民国的石刻类文化遗产之保护与利用的初步设想"，"南京石刻文化之路"研究与实施课题，2012年。
[2]《全省村庄环境整治行动计划》（苏办发〔2011〕40号），2011年。
[3]《全省美好城乡建设行动实施方案》（苏办发〔2011〕55号），2011年。
[4]"宿迁市乡村现状调查及人居环境改善策略研究报告"，2012年。

江苏省镇村布局规划的实践回顾

张 泉

摘 要 2005—2008 年，江苏省按照"适度集聚，节约用地，有利农业生产，方便农民生活，保护历史文化和乡村特色"的原则，开展并全面完成了镇村布局规划的编制工作，在近 25 万个自然村格局基础上明确了近 5 万个规划布点村庄，明确了优化村庄空间布局的原则和目标。镇村布局规划是引导"三集中"、建设社会主义新农村的基础性工作，同时为推进农村基础设施建设和村庄环境整治、引导农民将新建农房建到规划点上奠定了良好基础。本文通过对镇村布局规划的编制背景、规划理念、技术路线、特色创新以及实施成效等方面进行介绍。

关键词 镇村布局；村庄规划

　　江苏作为人口密度全国最高、资源环境刚性约束最强的东部沿海发达省份，为统筹城乡建设、引导城乡集聚集约发展，从 2005 年起，江苏省委省政府在全国率先推行城乡规划全覆盖，全面调控、优化城乡发展空间，为城乡经济社会发展一体化提供保障。至 2008 年，江苏已建立了覆盖全省的从区域到城市、从小城镇到农村、从总体到专项、从建设性规划到保护性规划的层次分明、互相衔接、完善配套的城乡规划体系。镇村布局规划作为"城乡规划全覆盖"工作的重要组成部分，确定了近 5 万个规划布点村庄，并着力推动规划布点村庄完善基础设施和公共服务设施，提升公共服务水平，吸引周边农民自愿集中居住，以集约利用资源为更多的农民提供更好的公共服务。近年来，各地结合当地经济社会发展、城市化和农业现代化进程，适时优化调整镇村布局规划，并与村庄环境整治行动计划实施、重大项目建设等工作相结合，有序推动镇村布局规划实施，推进了城乡发展一体化进程。

1 规划背景

1.1 人多地少的基本省情

　　江苏人口密度约为 770 人/平方公里，人均耕地不足 1 亩，而全省村庄现状人均建设用地近 200 平方米，户均占地面积近 1 亩，农村土地资源利用较为粗放。人多地少、环境

作者简介

张泉，江苏省住房和城乡建设厅副厅长，研究员级高级规划师。

容量小、资源压力大的基本省情，决定资源开发利用模式应由相对粗放利用转向集聚集约发展。

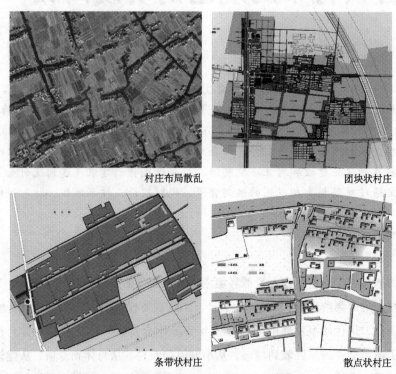

村庄布局散乱　　　　　　　　　　　　　团块状村庄

条带状村庄　　　　　　　　　　　　　散点状村庄

图 1　江苏村庄现状布局的基本形式

1.2　村庄现状布局小而散乱

在 2005 年全省近 25 万个自然村中，300 人以下的村庄占总数的 84％，平均每个自然村 164 人，且全省不同地区在经济发展水平、地形地貌以及生活习俗方面差异较大，村庄布局形式也有所不同，呈现团块状、带状、散点状等多种形态，布局散乱现象较为突出，亟须进行村庄布局优化调整。

1.3　村庄公共服务水平有待提升

多数村庄的道路、绿化、供水、排水、村综合服务中心建设等群众最关心、最急需的基础设施和公共服务设施不完善，环境卫生状况及整体风貌较差，亟须统筹并加快推进镇村各类基础设施和公共服务设施建设。

1.4　乡村特色有待进一步彰显

不少新建村庄规划建设不能充分体现当地的自然禀赋、产业特点、历史文化和地域特色，往往照搬城市的做法，采用大广场、大草坪，建筑体量过大，村庄环境失去原有乡土、自然的特色风貌。亟待引导村庄因村制宜，充分尊重当地生活习俗及传统村落布局模式，结合地形、植被、水体等自然因素，突出"多样化、精细化、特色化"，彰显地域性的乡村特色风貌，带动乡村旅游业、特色手工业等适宜产业发展。

2 规划任务、原则和创新

2.1 规划任务

（1）合理确定规划布点村庄

因地制宜地根据各地经济社会发展水平和农业现代化进程，统筹考虑村庄所处区位、自然禀赋、产业特点和设施条件，结合乡村旅游发展需求、乡村特色风貌保护要求和农民生产生活实际需求，确定合理的劳作半径和村庄集聚规模，进而明确规划布点村庄的选址、数量和规模。

（2）促进城镇基础设施向规划布点村庄延伸、基本公共服务设施向农村覆盖

以交通和市政基础设施等引导村庄布点，促进城乡基础设施共建共享。按照服务功能和实际需求，在规划布点村庄统筹配置公共服务设施，加快教育、医疗、文化等基本公共服务向农村覆盖，逐步缩小城乡社会事业发展差距，促进城乡之间基本公共服务均等化。

2.2 规划原则

（1）引导从"离土不离乡"向"离土又离乡"转变

积极鼓励和引导长期稳定从事二三产业的农户进城进镇，在城镇规划建设用地范围内的农民住宅建设，应当符合当地城镇规划要求；按照城乡空间地域分开的理念，强调维持城乡空间的各自特点，形成紧凑型城镇和乡村开敞空间，合理保护村庄的社会结构和空间形态，促进城镇空间布局与产业布局的协调互动，形成二三产业和人口向各级城镇集聚，一产人口向规划布点村庄集聚的格局。

（2）城乡统筹规模总控

首先，严格控制城镇增长范围。尽管镇村布局规划不设定规划期限，但要求城镇规模必须严格按规划期限到 2020 年的上位规划（主要是城市总体规划和城镇体系规划）进行控制，严格禁止利用镇村布局规划扩大建设规模。其次，合理确定村庄集聚规模。村庄集聚主要以合理的耕作半径为依据，同时考虑基础设施和公共服务设施配置的经济合理性，提出在没有地形地貌制约的情况下，村庄集聚的居住人口规模一般以 800 人左右为宜，对

于水乡、丘陵等地形地貌特殊的地区因地制宜确定村庄集聚规模。村庄集聚规模是镇村布局规划的核心之一，从编制工作开始就反复强调因地制宜，要求对现状规模在 300 人以上村庄的撤并必须进行严格论证，没有充足的理由必须保留，反对盲目扩大村庄规模。

（3）保护地方特色和历史文化遗存

在编制镇村布局规划过程中，始终把保护历史文化与地方特色作为规划的重点，要求凡是具有历史文化遗存的村落必须予以保留，将特色村庄内涵扩展为建筑、规划布局、地形地貌、产业特色、风俗习惯等六个方面，强调特色村庄的保护，为塑造村庄地方特色打好基础。同时，要求保护农村弱质生态空间和生态环境，促进整合农业生产和生态空间，对自然湿地、野生物种及其生活环境、主要湖泊、水源地和其他生态敏感区等划定保护范围，明确保护措施。

（4）注重村庄选址的安全性

江苏地形地貌形态丰富，地质灾害类型多样，在编制镇村布局规划时，要十分强调村庄选址的安全性，努力使规划村避开行滞洪区、易涝地区、滑坡地带、采煤塌陷区等自然灾害多发地带，确保农村集中居住区的选址安全。

2.3　规划创新

（1）创新规划编制理念

按照"适度集聚，节约用地，有利农业生产，方便农民生活，保护历史文化和乡村特色"的原则，有序开展村庄布局优化调整，以城乡规划一体化统筹城乡空间布局，优先引导和促进长期稳定从事二三产业的农村劳动力向城镇有序转移，提高规划布点村庄公共服务水平，稳妥推进主要从事农业生产及乡村旅游、家庭手工业等乡村适宜产业的农民适度集中居住，保护乡村空间特色。

（2）创新规划编制方法

规划在县（市）域城镇体系指导下，结合乡镇总体规划，协调确定村庄布点，统筹安排各类基础设施和公共设施。同时又进一步通过县（市）汇总，对村庄布点进行城乡统筹，并对行政边界地区村庄布点和基础设施布局进行协调。

规划注重增强规划的科学性和可实施性，充分尊重当地村民意见，走领导、专家、村民"自上而下"与"自下而上"相结合的编制道路。组织专家和技术人员开展大量的调查研究工作，充分听取群众意见，经过几上几下，使镇村布局规划兼具科学性、前瞻性和可操作性。据统计，全省各市累计投入调查人员 7000 多人，征求意见 4000 余次、17 万人次。针对基层提出的技术问题，江苏省住房和城乡建设厅及时进行巡回跟踪技术指导。

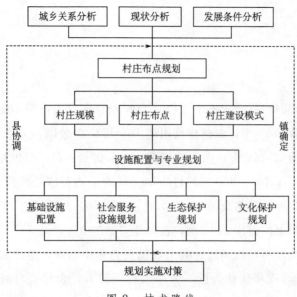

图 2　技术路线

（3）创新规划成果表达

为进一步规范规划成果，江苏省住房和城乡建设厅先后印发了《关于镇村布局规划编制中有关问题的通知》、《关于印发镇村布局规划文本结构及有关问题的通知》等通知。明确提出"三图一书一表"的规划成果要求，即现状图、规划图、基础设施规划图、文本、规划成果汇总表。

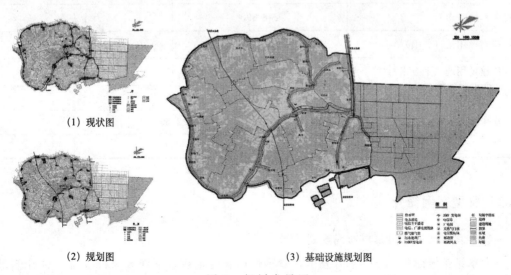

（1）现状图

（2）规划图　　　　　（3）基础设施规划图

图 3　规 划 成 果 图

3　规划成果

3.1　总体情况

全省编制镇村布局规划的 1145 个乡镇，当时农村现状人口为 4088.29 万人，行政村 16 738 个，自然村 248 890 个，农村建设用地 781 172.27 公顷，人均 191.08 平方米。其中，50 人以下的村庄 62 266 个，占村庄总数的 25.02％；51—100 人的村庄 66 845 个，占村庄总数的 26.86％；101—300 人的村庄 80 319 个，占村庄总数的 32.27％；301—800 人的村庄 30 691 个，占村庄总数的 12.33％；801—2000 人的村庄 7657 个，占村庄总数的 3.08％；2000 人以上的村庄 1112 个，占村庄总数的 0.45％。

全省近 25 万个自然村，规划通过吸引农民自愿集中居住，逐步归并、连片、集中等多种因地制宜的措施，逐步优化为近 5 万个农村居民点，农村人口减少到 2471.52 万人（全省城镇化水平约 65％），人均建设用地约 131 平方米。其中，300 人以下的居民点 8428 个，占总数的 19.99％；301—800 人的居民点 23 125 个，占总数的 54.86％；801—2000 人的居民点 9395 个，占总数的 22.29％；2000 人以上的居民点 1205 个，占总数的 2.86％。特殊村庄 3054 个，其中特殊地形地貌 2768 个，历史文化遗存 286 个。

表 1　全省镇村布局规划成果汇总

		现状	规划
村庄数量（个）		248 890	5 万个左右
村庄建设用地（公顷）		781 172	323 769
人均建设用地（平方米）		191	131
特殊村庄	小计	3054	
	特殊地形地貌	2768	
	历史文化遗存	286	

3.2　典型案例简介

（1）宜兴市太华镇镇村布局规划

太华镇镇域面积 91.69 平方公里，属于低山丘陵地貌。下辖 8 个行政村、24 个自然村。2005 年，全镇总人口 2.5 万人，其中村庄人口 1.8 万人，村庄建设用地 322.38 公顷，人均建设用地面积 179.1 平方米。规划布点村庄 15 个，规划农村人口 6400 人，村庄

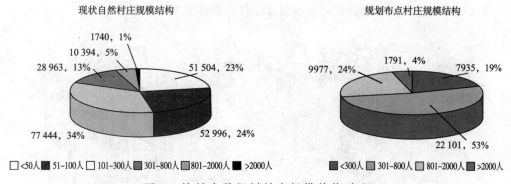

现状自然村庄规模结构　　　　　　规划布点村庄规模结构

图 4　镇村布局规划村庄规模结构对比

建设用地 58 公顷。平均村庄人口规模 426 人，人均村庄建设用地 90 平方米。农民住宅形式以低层联排为主。

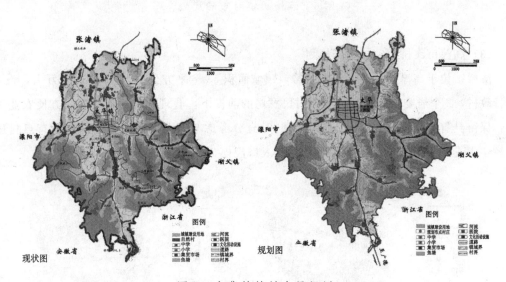

现状图　　　　　　　　　　　　　　　规划图

图 5　太华镇镇村布局规划

（2）姜堰市溱潼镇镇村布局规划

溱潼镇位于里下河地区的姜堰、兴化、东台三市（县）交界处，由古代凹陷地发育而成，四面环水。镇域面积 40.5 平方公里（含溱湖风景区），总人口 3.6 万人，其中农村人口 1.6 万人，下辖 11 个行政村、52 个自然村，人均村庄建设用地 128 平方米。规划布点村庄 8 个，规划村庄人口 8000 人，平均村庄人口规模 1000 人。居住模式以联排式低层住宅为主，多层公寓式住宅为辅。按照规模以及村庄布点，合理配置公共设施和基础设施，规划布点村庄加强设施配套完善，非规划布点村庄维持基本设施条件。

图 6　溧潼镇镇村布局规划

（3）高淳市漆桥镇镇村布局规划

漆桥镇位于高淳县北部，游山北麓，镇域面积 53.7 平方公里，人口 2.64 万人，设 7 个行政村，2 个居委会。在充分尊重村民意愿的前提下，合理确定耕作半径，方便农业生产，保留具有文化及资源特色的村庄，同时充分考虑与产业区发展配套。规划布点村庄 19 个，规划村庄人口 1.4 万人，平均村庄人口规模 777 人。

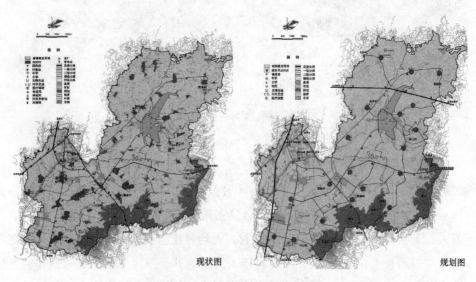

图 7　漆桥镇镇村布局规划

4　实施成效

4.1　村庄集聚规模适度增加

规划在充分调查研究的基础上，增加了村庄的集聚规模，体现了有利农业生产、方便农民生活、集聚集约利用土地资源的原则。近年来，各地着力完善规划布点村庄基础设施和基本公共服务设施，提升公共服务水平，吸引周边农民自愿集中居住，不断推动镇村布局规划实施。全省自然村数量由 2005 年的约 25 万个减少到 2011 年的近 20 万个，村庄建设开始由分散逐步转向集约发展。

4.2　规划村庄的选址更为科学安全

规划通过大量的调查研究，广泛征询水利、交通、国土等相关部门意见，布点村庄避开了行洪区、滞洪区、地震断裂带、塌陷区、滑坡等地质灾害和自然灾害易发地段，选址更为科学安全。

4.3　农民生产生活条件得到提升

村庄相对集中布局，增强了规划布点村庄设施配套的集约性、经济性和可行性。2011年，江苏省委省政府明确"十二五"期间全面实施以村庄环境整治行动为重点的"美好城乡建设行动"。其中，以镇村布局规划为依据，分类确定村庄的整治标准，"规划布点村庄"通过"六整治六提升"达到"康居乡村"标准，"非规划布点村庄"通过"三整治一保障"达到"环境整洁村"标准。着力提升"规划布点村庄"的基础设施和公共服务设施配套水平，增强了"规划布点村庄"对引导农民集中居住的吸引力，加快了城乡规划一体化进程。

4.4　历史文化遗存和特色村庄得到有效保护

江苏省历史文化资源丰厚，古村落和特色村庄数量众多，尤其是苏南地区许多历史文化积淀深厚的村落，具有独特的江南水乡特色。通过本轮规划，查明了底数，为下一步开展村庄详细规划设计，做好历史文化和地方特色保护工作，打下了坚实的基础。

4.5　村庄生态环境得到进一步改善

江苏各地以镇村布局规划为依据，加快推进城乡统筹区域供水，将城镇水厂的水通过"达镇入村（规划布点村庄）"工程送往乡镇，使乡镇人口与城市人口一样享受"同源同网同水质"服务；加快构建"组保洁、村收集、镇转运、县（市）集中处理"的城乡统筹生活垃圾收运处理体系，村镇生活垃圾收运覆盖面不断扩大；实施村庄生活污水治理试点，探索形成了接入城镇污水管网统一处理优先、建设小型设施相对集中处理和分散处理相结合的三种建设模式。

图 8　整治后的村庄风貌

（本文由江苏省村镇服务中心段威帮助整理）

"生活圈"视角下的村庄布点规划研究
——以江苏金坛市为例

张　能　张绍风　武廷海

摘　要　村庄布点规划是在城镇化与城乡关系转化过程中出现的重要规划实践活动。在现代化过程中，中国农村空间的内在经济和社会基础受到城市冲击，农村社会失序、城乡差距逐步扩大，这些都是城乡规划面对的突出矛盾，也是村庄布点规划需要着力解决的关键问题。2003 年以来，中国进入了"城乡一体化"发展的关键阶段，迫切需要提升村庄布点规划的综合性，创新理论和方法，使之更加有效地服务于提升农村居民生活质量、改善农村人居环境。据此，本文提出了以"生活圈"为基本框架进行村庄布点规划的基本原理和基本方法，同时以江苏金坛市为例，分析和介绍了具体规划中应用"生活圈"分析技术的实现路径。

关键词　生活圈；村庄布点；城乡一体化；金坛

　　村庄布点规划是城乡统筹规划和农村人居环境建设的重要内容，也是在城镇化过程中促进城乡协调发展的重要规划职能。2003 年以来，我国已经进入了"工业反哺农业、城市支撑农村"的社会主义农村建设新阶段（李兵弟，2009），形势的发展变化对村庄布点规划提出了更高的标准和要求，也带来了创新村庄布点规划理论和方法的挑战。

1　"城乡一体化"视野中的村庄布点规划

1.1　现代化与江苏农村发展条件的变化

　　传统中国育于农耕文明，是一个"乡土"社会。在人多地少的压力下，"乡土中国"依托于"男耕女织"、"农工相辅"的小农经济基础，形成了特色鲜明的农村人居模式，其村庄、市镇的分布与农村社会的内部经济、文化秩序相统一。海外汉学家施坚雅（1998）、杜赞奇（2010）等人认为中国农村的内部组织，具有在一定的地域单元内形成层级性的、有机的"市场共同体"或"文化的权利网络"之特征。这些特征反映在空间维度上，就表

作者简介

张能、武廷海，清华大学建筑与城市研究所；

张绍风，中国城市规划设计研究院。

现为类似"中心地"体系的村镇圈层式布局结构，其中，市镇（有别于现代化过程中形成的"都会"）发挥着商品集散、交换和服务职能（费孝通，1993）。现代化以来，舶来的市场化和工业化过程瓦解了小农经济的土壤和"乡土中国"的内在秩序，也将城乡关系由共生关系转变为竞争和矛盾的关系。

江苏是中国的"粮仓"，农耕经济发达，"乡土"特色根深蒂固。历史上，江苏所在的长江三角洲地区就是中国人地矛盾最为突出的地区。在 14 世纪中叶至 20 世纪中叶的 6 个世纪中，由于人口过剩及农业劳动力投入的"过密化"经营，使得这一地区的农业产出仅够社会维持在糊口的水平上（黄宗智，2000）。中国寻找现代化之路以来，江苏又是中国市场开放和工业经济发展最为活跃的地区之一。与费孝通的观点相呼应，黄宗智实证了外来资本并没有改善本土的农业经济，城市工业以农村廉价劳动力为条件，反而加剧了农村贫困。踯躅于乡土的人地矛盾和舶来的工农矛盾之间，江苏面临着突出的乡村发展难题，也敦促众多有识之士戮力探索，成为了我国开展城乡发展建设实践的一片热土。从清末张謇以工业化推动农村现代化的"村落主义"实验，到改革开放初期苏南涌现的"离土不离乡、进厂不进城"的"城镇化"进程，都是江苏依托"乡土"、"小农"条件，在现代化过程中主动寻求产业发展、追求社会改良而涌现的跨时代现象。

1.2 城乡关系转化与"城乡一体化"

改革开放以来，随着中国城镇化、市场化的逐步推进，全国城镇化的步伐快速迈进，江苏走在全国前列。2005 年，江苏城镇化水平超过 50%，率先进入了以城市社会为主体的阶段。

另一方面，推动乡村社会快速发展变迁的内在动力也发生了变化。20 世纪 80 年代，乡镇工业的发展为大量农村剩余劳动力的转移提供了一条出路，苏南农村地区劳动力总数的 1/3 以上脱离了农业劳动，推动了小城镇的快速发展。2000 年以来，农村乡镇企业已经完成改制，企业向园区集中，特别是向大中城市园区集中。根据第六次私营企业调查，私营企业在农村设总部和生产基地的比例从 2001 年的 10.3% 和 12.4% 分别下降到 2004 年的 8.7% 和 9.8%[①]。同时，20 世纪 90 年代发生在城市的一系列市场化改革，以及城市"资本逻辑"的形成（武廷海等，2012），使得地方发展的基础由"乡镇经济"向"城市经济"转变。

大规模城乡人口转化，以及城乡发展的内在经济机制的转换，改变了地方"乡土"社会的社会基础。如果说"乡土中国"根植于小农的生产、生活和交换活动，是一个相对封闭、自给自足的社会，城市主导下的社会则是以开放型经济为基础，城市工业化与农业现代化相结合、城市建设与农村人居环境变迁相互影响的新社会。面对这个新社会，国家和地方在推动城镇化过程中，迫切需要探索一条"城乡一体化"的实施路径，重建城乡和谐的社会关系。

1.3　农村发展滞后是规划面临的主要矛盾

城乡人居环境建设，是城乡一体化发展的重要载体和组成部分。农村居民点的布局，事关与农民生活、生产最为关切的空间转变，是农村人居环境建设的关键环节，也是城乡规划的重要领域。农村居民点布局规划不能脱离城乡协调发展的整体背景，应当从破除城乡二元结构出发，着力解决目前农村发展中最重要的关键问题。

目前，城乡发展不平衡仍是我国经济社会发展中一个突出矛盾，尤其是伴随着城镇化水平的提升，我国城乡居民收入差距持续扩大（汪光焘，2005）。城乡人均收入比由 20 世纪 80 年代中期的 1.8：1，逐步扩大到 2009 年的 3.3：1。同时，带动农村发展的投资仍然不足，公共服务乏力。据有关调查[②]，2008 年中国小城镇人均年市政建设维护投入仅为410 元，只相当于城市 1494 元的 27％；全国村镇污水处理率低、公共设施水平较低。这些，都是与农村居民生存、发展密切相关的民生问题。

针对农村发展的困局，党中央做出了明确判断：城乡差距扩大的基本成因已经从产品形态转向了价值形态，即"主要表现为农村资源要素价值流失"[③]。包括农村土地资源要素、劳动力要素、金融要素等大量流失。这些问题的产生，很大程度上是城镇化、市场化进程中的现象。根据上文的分析，中国农村自给自足、自然生长的基础逐渐瓦解，使城乡社会关系步入了乡村依托城市的新阶段，农村的发展很大程度上依赖于政府财政以及自上而下的农村扶持机制。一方面是社会转型过程中的农村要素流失、社会失序，另一方面是城乡统筹、支撑农村发展的体制机制尚未完善，农村相对落后，是这一阵痛期的集中表现。

合理布局居民点，既关系到重建和促进农村社会秩序、改善农村发展条件，也关系到国家支撑农村发展、组织公共投入、提高农村发展和建设的效率和效果，这是村庄布点规划的阶段性使命，也是本文研究该问题的出发点。

2　村庄布点规划的"生活圈"理论

2.1　转变村庄布点规划的研究视角

如何通过村庄居民点布局，改善农村条件、促进城乡一体化发展？

目前，我国的农村居民点规划主要基于"土地整理"这一基本背景，农村居民点布局的基本依据，也主要从土地的集中高效利用角度出发。针对我国城镇建设用地扩张速度快，耕地保护面临挑战等问题，2004年，中央下发《国务院关于深化改革严格土地管理的决定》，开始全国土地治理整顿工作，城镇建设用地增加要与农村建设用地减少相挂钩。2005年，国土资源部下发《关于规范城镇建设用地增加和农村建设用地减少挂钩试点工作的意见》的通知，形成了完整的挂钩政策，并开始在全国8个省市进行试点。在规划实施中，"土地整理"经常采取"迁村并点"这种方式，即针对农村居民点规模小、数量多、布局分散，推行"农业向种植能手集中，乡镇企业向工业小区集中，农民住房向小城镇集中"的三集中，推进农村宅基地的集约利用，并从农村建设用地中置换城市建设的发展指标。配合国家"土地整理"工作，江苏在2009年提出"万顷良田建设工程"，推动土地集约流转和农民进城一步到位。

"土地整理"和"迁村并点"，以土地为核心整理要素，在促进农村土地紧凑利用、推进经济发展方面发挥了带动作用。但是，"迁村并点"也存在着比较明显的问题，包括对农民意愿和利益重视不够，片面追求指标带来大拆大建、大包大揽、急功近利等等误区（仇保兴，2006）。在上述背景下，目前我国农村居民点整理、布局的相关研究，很大程度上仍然基于城乡用地增减挂钩、农村建设用地指标腾退这一背景，相对集中于探讨农村建设用地的"整理潜力"（刘勇、吴次芳等，2008；何英彬、陈佑启等，2010），对村庄布点规划如何实现协调城乡关系、改善人居环境、促进城乡一体化发展等问题研究相对不足。

2.2　以人为本，引进"生活圈"理论

进入"十二五"时期以来，中国"城乡一体化"规划发展受到特别关注。2011年3月，江苏省"十二五"规划纲要提出："把城镇化战略拓展为城乡发展一体化战略"，同时提出"建立城乡发展一体化体制机制"，包括城乡规划、产业布局、基础设施、公共服务、劳动就业等方面的整体协调。

面对新的农村发展阶段和任务，本研究认为，农村建设，包括居民点的布局，核心是"以人为本"。改善农村居民生活质量、缩小城乡人居环境差距，是城乡一体化发展阶段需要解决的关键问题。农村居民点布局，需要从地方农村人居体系的现实情况出发，增强规划目标、手段的综合性和系统性，协调农村内部关系和城乡关系，协调"自下而上"与"自上而下"的行动框架，形成城乡空间规划新格局，这也就是探索"城乡一体化"的村庄规划布局模式。

从国际经验，尤其是东亚城镇化先行国家的经验看来，城镇化达到中期阶段，正是农村问题突出涌现时期，也是国家着力促进国土综合规划、全面制定农村发展政策的

关键阶段。以日本为例，20世纪50年代以后，日本出现了以城市为中心的经济高速增长，农村劳动力大量转移，导致了城市过密化与农村过疏化的问题，城乡差距快速扩大。1965年起，日本制定了一系列法案，将扶持农村发展的范围由农业逐步扩大为一定地域的综合治理，为日本农村在过疏条件下振兴社会事业提供了条件。70年代以后，日本开始了农村综合整备事业，其中，"模范定居圈"或"生活圈"成为环境整备的基本单元（《农村整备事业的历史》研究委员会，1999）。"生活圈"关乎某一特定地理范围内乡村居民的日常生活、生产活动，尊重居民生活生产互相依存的关系以及人与自然的关系，既体现了以农村居民为中心的规划思想，也为改善农村条件、治理农村问题提供了一个空间框架。

目前，在中国农村规划建设研究中，已经应用了"生活圈"的相关理念，发展了生活圈的空间分析技术，尤其在分析和构建县域城乡公共服务中心网络方面具有明显优势（清华大学建筑学院，2010），这也给解决村庄布点难题提供了一个可行的思路。

2.3　"生活圈"模式下的村庄布点模式

"生活圈"是以与农村居民生产、生活相关的不同尺度的出行范围为依据，自下而上构建的村镇中心布局体系，在技术上具有从"以人为本"出发、以社会整体效率为约束的特点（张能、武廷海等，2011）。

简单来讲，农村居民的所有生活、生产活动，都具有空间和地域特征。农村居民的居住地、工作地、农田以及公共服务和社会活动中心，都需要保持在一定的合理空间距离之内，超过这一合理距离，就会引起农村居民生活、生产的不便，增加社会成本。"生活圈"正是对农村居民的各种活动、各种公共服务场所以及相应的出行范围进行科学分析而构建的圈层体系（表1）。

表1　生活圈理论模式

	居民点基本生活圈	一次生活圈	二次生活圈	三次生活圈
空间界限	最大半径1公里 最佳半径500米	最大半径4公里 最佳半径2公里	最大半径8公里 最佳半径4公里	15—30公里
界定依据	幼儿、老人徒步15—30分钟	小学生徒步1小时	中学生以上徒步1.5小时，自行车30分钟	机动车30分钟
人口	500—1500人	4000—5000人	10 000人以上	30 000人以上

续表

		居民点基本生活圈	一次生活圈	二次生活圈	三次生活圈
农村公共服务体系	教育	幼儿园	幼儿园 小学 初小	中学 职业教育	职业教育 高等学校
	行政办公	村委会（居委会）	村委会（居委会）	镇政府（街道办）	市政府
	文化娱乐	老年活动室	图书室	图书馆分馆	图书馆 博物馆 青少年活动中心
	医疗卫生	卫生室	卫生服务中心	卫生院	综合医院 保健所
	体育设施	室外运动场	室外运动场	室外运动场 室内体育活动室	室外运动场 室内体育馆
	社会福利			敬老院	敬老院 孤儿院
	商业设施	市场配置	市场配置	市场配置	市场配置

资料来源：根据清华大学建筑学院（2010）调整补充。

"生活圈"的空间分析技术，是以 GIS 为平台、以县域为单位，在已知现状农村居民点位置及人口分布情况下，选择和提取各个等级农村"生活圈中心"的过程。以"生活圈"为框架进行农村居民点选址，就是将农村的"生活圈中心"作为各个等级农村居民点建设的备选点。该模式具有如下特征。

（1）"生活圈中心"与其腹地之间，以及各个层级的"生活圈中心"之间，具有严格的空间距离限制，关联性强。"生活圈"构成了一个基层农村的生产、生活有机分层系统，通过空间约束，将农村居民及其对农村人居环境的使用紧密关联在一起。

（2）"生活圈中心"是现有村镇体系中规模较大、区位条件较好的地点。农村居民点选址是对这些地点进行改造、提升、扩容，而不是"推倒重建"或"易址新建"，强调依托现有条件，进行"有机更新"和"渐进改良"。

（3）"生活圈中心"既是未来农村公共投资、发展、扩大建设的重点地区指引，也是农村整治和改造的重点地区，它为农村"土地整理"与"村容整治"提供了契合点。

与传统农村集中布点方法相比较，"生活圈"模式将农村居民生产、生活的长期性考虑在内，更加全面地统筹农村建设和使用的社会成本、效益。目前，这一模式已经在江苏金坛市的村庄布点规划中得到了初步应用。

3　案例研究：金坛市村庄布点中的"生活圈"技术应用④

3.1　金坛市村庄发展现状分析

金坛市位于江苏省南部，地处宁、沪、杭三角地带之结合点，市域面积976.7平方公里，地势由低山丘陵、岗地、平原构成。2011年市域人口55.2万，城镇化水平50.97%，低于全省60.6%的总体城镇化水平。经济总量处于区域中等水平，GDP持续增长，占常州地区GDP总量的10%。

从村庄发展情况来看，金坛市农村发展优势与问题并存。一方面，村庄内部设施配套较为齐全，农民生活较为方便，基本实现硬化道路村村通；村庄供水、污水处理设施建设稳步推进，供电达到全覆盖；生活垃圾基本实现"村收集、镇转运、市处理"；学校和医院配置齐全。根据对金坛市农村生活居住状况的调查，大部分农村居民接受教育、医疗、购物服务比较方便，可以控制在合理的时间范围内，地区公共服务水平和环境质量正在向城乡一体化方向迈进。同时，农村居民住房条件较好、住宅较新。住宅面积以100—200平方米居多，绝大多数受访者的房屋为自建独栋房屋；71%的住宅建于1990年以后，1980年以前的住宅仅占1.2%；43%的居民有5年内建房、买房的打算，且33%的居民选择在原地翻建住宅。对于农村新建住区，大多数居民比较看重提高公共服务的便利性（图1）。

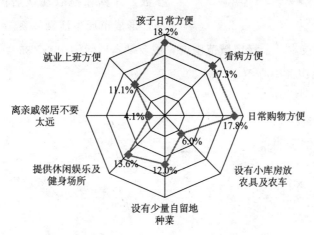

图1　金坛市农村居民对集中居住点的要求

资料来源：清华大学建筑学院、江苏省村镇建设服务中心等（2012）。

另一方面，金坛市农村居民点也存在数量多、规模小、资源浪费等问题。农村居民点平均面积1.49公顷，超过60%的农村居民点面积不足1公顷，面积在5公顷以上的农村居民点只占6%左右。同时，公共设施闲置现象比较明显，部分设施使用率不高，如村里的图书馆、乒乓球桌等设施。村民就医和购物、孩子上学，则多选择集镇而不在村里，存在服务设施与服务对象错位的现象。

　　针对金坛市的具体情况，研究认为，未来村庄居民点布局的重点是进一步提高农民生活水平、改善农村人居环境质量，尤其是进一步提高农村生活的便利性。同时，也要逐步解决城镇化带来的农村资源闲置和浪费问题。

3.2　金坛市村庄布点规划中的"生活圈"技术应用

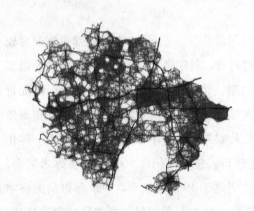

图 2　金坛市农村居民出行路径分析
资料来源：清华大学建筑学院、
江苏省村镇建设服务中心等（2012）。

　　规划应用"十一五"国家科技支撑课题"农村公共服务设施配置关键技术"（清华大学建筑学院，2010）的核心成果，提出了从"生活圈"出发的金坛市村庄布点初选方案。规划依托地理信息系统的空间数据分析和处理能力，建立生活圈分析技术路径；根据调研，获得现状各农村居民点人口规模；根据现状交通条件，模拟金坛市各居民点居民的"出行路径"（图2），计算各居民点的"出行成本"；综合各居民点的"规模"参数和"出行成本"参数，计算和提取现状居民点中的生活圈中心，形成市域生活圈体系。

　　应用空间分析技术，金坛市域范围内，城乡基本生活圈中心 435 个，一次生活圈中心 73 个，二次生活圈服务中心 1 个（图3）。

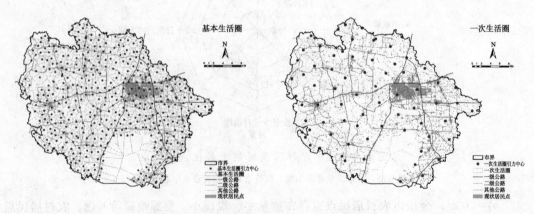

图 3　金坛市"生活圈中心"分析结果

资料来源：清华大学建筑学院、江苏省村镇建设服务中心等（2012）。

规划将这些"生活圈中心"作为不同等级、不同规模的居民点选址、扩建优先考虑的对象，通过多种方式引导，逐渐推动周边农村居民在新建住房过程中向"生活圈中心"集中，实现农村居民点的小规模有机循环更新。

"生活圈"为金坛市农村居民点布局和发展提供了一个统筹全局、上下协调的框架，为制订发展计划、分配公共投资提供了一个科学决策的基础。在具体工作中，还需要针对具体情况，对"生活圈中心"的位置进行优化、筛查、调整，深入制订各等级生活圈中心的用地规模、公共设施配套的相关标准和政策，这些都是有待进一步深入研究和实践检验的内容。

4 结论和讨论

农村人居环境系统是一个自然、人文交错共生的复杂系统（吴良镛，2009），其中，对空间资源的需求是构成人居环境的主要方面。"生活圈"理论下的村庄布点规划，建立在改善人与生活空间的关系基础上，是对"人本"的回归。

城镇化是一个长期、持续的过程，村庄布点规划必须尊重城镇化的发展规律，稳步推进农村人居系统的渐进改良，适应不同发展阶段的新特点、新需求。因此，规划应当以促进农村居民点的"有机更新"为基本原则，改变目前大拆大建、一步到位式的发展方式，着重改良农村居民点布局的规则和机制。也就是说，今后的行动，要考虑到现有的条件和以前的投入，在发展过程中综合衡量社会成本和效益。提倡尽量依托现有基础设施、公共服务资源、社会文化资源，提倡新建与整治共举、规模扩张与质量提升并行的规划和建设方法，在有限的公共资源条件下，最大限度地解决农村发展最集中和最关切的问题。这是本文提出发挥农村"生活圈"的服务职能、依托现有农村中心发展未来集中居民点的初衷之一。

实践农村居民点的"生活圈"布局，还要建立起以"规划先行"、"多方引导"为基础的农村居民点调控机制。"规划先行"就是在全面统筹农村人居环境的基础上，规划预留农村居民点的发展空间，即农村发展备用地，为未来一段时期新的农村住房、产业和公共设施集中布局建设留出余地。"多方引导"就是转变指令性、计划式的农村拆迁方式，建立起规划（计划）引导与政策引导相结合的农村建设协调机制，核心是在确权集体土地、理清农村资产的基础上，形成调整农村土地利用的税收、价格杠杆机制。通过"规划先行"与"多方引导"相结合，发挥规划控制与市场调节两种功能，在一个相对较长的过程中，逐步促成农民自愿地向农村集中发展备用地转移，尽量缩小规划意志与农民实际意愿的冲突和矛盾。

　　本文提出的以"生活圈"为基础的农村居民点布局方法，是应对"城乡一体化"时代需求的一次新探索，试图为农村居民点的布局寻求一个人与自然、效率与公平、集中与分散的平衡点，为农村的人居环境建设提供一个基本行动框架。

　　（本文为国家自然科学基金项目"基于生活圈的农村公共服务设施配置研究：以江苏省为例"（批准号：51078214）资助成果。）

注释

① 中华全国工商业联合会：《中国私营企业大型调查（1993—2006）》，中华工商联合出版社，2007 年。
② 中国城市科学研究会等：《中国城乡统筹规划的实践探索》，中国建筑工业出版社，2011 年。
③ 2010 年中央一号文件中指出"健全强农惠农政策体系，推动资源要素向农村配置"。
④ 本节相关数据、调查结果、图片，除特殊注明外，均来自清华大学建筑学院、江苏省村镇建设服务中心等单位（2012）。

参考文献

[1] ［美］杜赞奇著，王福明译：《文化、权力与国家——1900—1942 年的华北农村》，江苏人民出版社，2010 年。
[2] 费孝通：《乡土中国与乡土重建》，台北，风云时代出版公司。
[3] 何英彬、陈佑启等："中国农村居民点研究进展"，《中国农学通报》，2010 年第 26 期。
[4] ［美］黄宗智：《长江三角洲小农家庭与乡村发展》，中华书局，2000 年。
[5] 李兵弟："改革开放三十年中国村镇建设事业的回顾与前瞻"，《规划师》，2009 年第 1 期。
[6] 刘勇、吴次芳等："中国农村居民点整理研究进展与展望"，《中国土地科学》，2008 年第 22 期。
[7] ［日］《农村整备事业的历史》研究委员会："丰富的田园的创造"，农山渔村文化协会，1999 年。
[8] 清华大学建筑学院："十一五"国家科技支撑课题"农村公共服务设施空间配置关键技术研究"分报告"空间配置与规划设计关键技术"，清华大学建筑学院，2010 年。
[9] 清华大学建筑学院、江苏省村镇建设服务中心等："金坛市村庄布点规划研究"，2012 年。
[10] ［美］施坚雅著，史建云、徐秀丽译：《中国农村的市场和社会结构》，中国社会科学出版社，1998 年。
[11] 仇保兴："我国农村村庄整治的意义误区与对策"，《城市发展研究》，2006 年第 1 期。
[12] 汪光焘："认真研究社会主义新农村建设问题"，《城市规划学刊》，2005 年第 4 期。
[13] 吴良镛：《发展模式转型与城乡建设再思考》，清华大学出版社，2009 年。
[14] 武廷海、张城国、张能、徐斌："中国快速城镇化的资本逻辑及其走向"，《城市与区域研究》，2012 年第 2 期。
[15] 张能、武廷海等："农村规划中的公共服务设施有效配置研究"，载中国城市规划学会：《转型与重构——2011 中国城市规划年会论文集》，东南大学电子音像出版社，2011 年。

基于村庄空间演变内生动力的村庄布点规划探索
——以江苏金坛市为例

梅耀林　许珊珊　汪晓春

摘　要　合理进行村庄布点规划，不仅能够有力推进城镇化进程，促进城乡建设空间进一步集约利用，而且更有利于公共服务设施配套的切实推进。但在实施村庄布点规划的过程中仍然存在不少问题。本文以金坛市村庄布点规划为例，从村庄空间演变的内生动力出发，通过分析空间经济差异，进行人口分布规划，引导农村人口自主流动；同时，通过空间差异的分析，对不同分区提出相应的建设控制目标和方案，避免实施难度过大，最终实现人口与经济的空间分布相匹配，以符合村庄的自身发展规律。

关键词　村庄空间演变；内生动力；热点地区；集聚度

1　引言

1.1　村庄发展的新背景

从 21 世纪开始，中国迈进了"全面建设小康社会"的崭新时期。实现全面小康社会的奋斗目标，难点在农业，关键在农村，重点在农民，希望和出路在于深化农村改革，加快"三农"发展。中国新乡村建设悄然兴起，我国"三农"现代化迎来了一个重要的"战略机遇期"，中国乡村建设进入一个崭新的时代。

当前，江苏省正处在经济发展方式加快转变、新型工业化快速提升、城镇化深入发展、新农村建设全面推进的关键时期，但村庄居民点分布过散，为村庄环境整治、节约型城乡建设、基本公共服务延伸覆盖造成了极大困难。合理进行村庄布点规划，不仅能够有力推进城镇化进程，促进城乡建设空间进一步集约利用，而且更有利于公共服务设施配套的切实推进。

1.2　村庄布点规划实施中存在的问题

目前，江苏各地开展村庄布点规划往往已作为农民建房和村庄环境整治的依据，用来

作者简介

梅耀林，江苏省住房和城乡建设厅城市规划技术咨询中心研究员级高级城市规划师；

许珊珊，江苏省住房和城乡建设厅城市规划技术咨询中心规划师；

汪晓春，江苏省住房和城乡建设厅城市规划技术咨询中心注册城市规划师。

指导村庄环境整治工作以及各项新农村建设的项目和资金安排；公共设施、基础设施按照规划布点村庄进行布局。但各地在实施村庄布点规划的过程中仍然存在着不少问题。

（1）部分布点村庄吸引力不足

部分规划布点村庄位置不合理，村庄位置较为偏远，缺少比较优势，设施配套不全、交通不便利、发展机遇不多；有的被撤并村庄至规划布点村庄距离较远，导致劳作半径较大，耕作不方便，使得布点村庄吸引力不足，村民不愿搬迁。

（2）村庄空心化、老龄化

当前，随着工业化和城镇化的快速发展，农村经济薄弱，产业单一，同时劳动力大量外流，村庄人气较低，年轻人进城意愿较强。在此情况下，虽然部分农房较为破旧，已到翻建时限，但居住主体为老年人，农村建房需求不高。

（3）建设障碍较多，实施成本较高

现行的土地政策对扩建或新建村庄有较多的制约，如村庄建设用地周转指标数量有限且周转周期较短，跨村组的宅基地置换实际操作比较困难，空置房占地腾不出造成土地闲置浪费，今后被撤并自然村复垦的标准、扶持政策及复垦后土地的处置问题等等。

（4）利益诉求不同，推动力较弱

推进农民集中居住是一项复杂的系统工程，市、镇、村各层面都有不同的利益诉求，形成不了合力。此外，由于乡镇财力不足，村镇规划建设管理机构不完善，技术支持不到位，村两委作为村庄规划实施的主要管理者，缺少基本的专业知识，更缺乏推动规划实施的调控手段。

2　村庄空间演变内生动力探讨

2.1　村庄空间演变研究综述

国内外学者对村庄空间演变的研究主要围绕村庄空间分布的影响因素、村庄的变化以及村庄聚落形态几个方面展开。

（1）村庄空间分布的影响因素研究

此方面研究主要集中在探讨影响居民点区位选择的各种因素，尤其关注村庄的形成与周围自然环境（土地、地形、水源等）和经济社会等因素（农业条件、交通可达度、公共认同等）之间的关系。

早期研究以德国和法国学者为代表。1841年德国地理学家Kohl对从大都市到村落等不同类型的聚落进行了比较研究，论述了聚落分布状况与土地的关系，并着重说明了地形差异对村落区位的意义。Lugeon在1902年分析了村落位置与地形、阳光等环境的关系。

白吕纳认为，不仅房屋的位置受种种自然条件的影响，而且村落的位置也同样受到这些条件的影响（陈宗兴，1994）。日本在第二次世界大战后也逐渐出现了位置论研究的著作。矢岛仁吉以日本缺水地区的新田聚落为对象，著有《武藏野的聚落》（1954），研究了影响聚落分布的位置因素（金其铭，1991）。Michael（2003）通过研究指出：在英国，海拔高度是影响村庄分布的一个重要因素。19 世纪初，受到社会学、经济学的影响，不同学者开始逐渐深入探讨村庄形成发展与社会经济环境的关系。主要代表有 1928 年威哲发表的《社会化单位的村落》，着重探讨了村落形成与社会机能的关系，聚落的特殊经济结构与发展内容以及聚落交通、经济等问题。麦成以德国北部的农业村落为研究对象，探讨了聚落形成的原因及形态特性。他从人文和自然两个方面，综合分析聚落形成的因素，并着重分析了村落特性与当地乡村居民生产和生活方式的联系以及所受到的民族特性和农村经济条件的影响。此外，这一时期也有部分英美等学者对新生村落与经济变化、交通发展关联等问题展开了相应研究。英国学者 Roberts 在对英国不同村庄长期研究的基础上，对影响村庄区位的因素进行了系统划分（Roberts，1987，1996）。他指出，对村庄区位选择条件的分析不应是单一的，而应该从点和位置两方面综合考虑。Roberts 认为，影响村庄选址的内在因素包括水源供应、角度、遮蔽物、平地、流畅的排水系统、村庄内可达度以及当地人们的公共认同等，这些因素在一定程度上决定了村庄选址的点。影响村庄选址的外在因素包括一定地域范围内所能够提供的可供开采的各种自然资源，例如，用于主要农业活动的可耕种用地、畜牧草地、林地、燃料、建筑材料等；此外，还包括与湖泊、海岸线的位置，交通通达性以及与外界沟通联系程度等，这些因素影响决定了村庄选址的位置。同时，Roberts 也进一步指出，影响村庄区位选择的所有条件并非一成不变，在长期演化过程中，当时的一些区位选择条件为适应村落发展也会发生明显变化，从而使村庄区位保持更高的生产效率和适应性（Roberts，1987）。也就是说，对村庄区位影响因素的研究不应是静态的，而应是动态的。在村庄区位选址的理论构建方面，法国学者 Demangeon 和德国学者 Meizen 通过对村庄选址分布与周围农业环境的相关研究，初步提供了村庄区位研究的理论基础。此后，英国学者 Chisholm 进一步提出了一个可以量化的村庄区位模型，并在理论分析框架的基础上，结合几个村落进行了实际案例分析（Michael，2003）。在此模型中，Chisholm 引入了 5 种与村庄选址相关的自然资源，并根据其相对重要性赋予不同的权重值；在测算每个村庄和资源地之间距离的基础上，乘以相应权重值再加总，总分最低的点表示效率最大，即是理想的村庄区位（Robinson，1990）。需要指出的是，现实生活中影响村庄区位的因素远不止模型中的几种，Chisholm 模型为村庄区位研究提供了一个很好的思路，但仍需要对其进行不断完善和修正。

国内对村庄区位的研究多见于乡村地理学，其中探寻村庄选址的区位理论当属传统的风水理论。风水理论强调居民点选址时要考察居民点周围的自然景观，寻找其中的规律性和非对称性，继而决定居民点最适宜的位置。风水理论重要的一点是把自然平衡考虑到居民点区位的选择当中，充分考虑气候、地形、地质构造、水文状况等对人们生存居住的影响，体现出人与自然的和谐性（Knapp，1992）。风水理论广泛应用于居住环境建设的实践中，在中国传统文化中具有很深的根基。风水理论中提倡自然合理的生态行为在一定程度上避免了村庄选址对生态环境的不利利用，对当今中国人居环境建设具有重要的参考价值（祁新华、毛蒋兴、程煜等，2006）。目前，国内学者对村庄空间分布影响因素的剖析越来越深入，从自然环境、经济发展和社会文化多方面探讨了居民点分布与各种影响因素之间的关系。

① 村庄分布与自然环境、经济发展水平、社会文化等要素之间的定性探讨

村庄的空间分布特点体现了在不同生产力水平下人类生产、生活及其与周围环境的关系。一个稳定的、适宜人类居住的居民点应当具备以下条件：①具有稳定的功能，如居住、生产管理核心等；②有良好的水源，可保证居民饮水和生产的需要；③较为便利的交通条件；④较适宜的居住环境；⑤少发自然灾害的地理环境。恰当的区位不仅是聚落发展的必要条件，也是影响其空间结构的重要因素（汤国安、赵牡丹，2000）。在 20 世纪 90 年代，陈述彭、杨利普对遵义附近乡村聚落分布与地理环境之间的关系进行了详细分析，系统辩证地论述了地形、交通、土地利用三个要素与聚落分布密度之间的关系，对目前的村庄分布研究具有较高的参考价值。张小林（1999）认为村落的区位选择受到诸多因素影响，与特定的自然地理条件和社会因素紧密联系在一起。在早期的村落发展中，自然地理条件对村落的区位起着决定性的作用。随着人类开发利用自然能力的增强，村落的区位选址更为自由，社会文化环境的影响作用明显加强。近些年来，不少学者从更加丰富的角度关注了村庄的空间分布问题。廖荣华（1997）认为，在经济发展水平较高的地区，村庄区位选址存在交通便利、市场取向、沿交通线的流线型布局、资源与能源取向、现代风水取向等特点；地理环境与地方气候、生产方式对居民点的空间结构和布局会产生很大影响（王路，2000）；唐燕（2006）从一个特殊视角讨论了文化因素对村庄空间分布的影响，认为，在村庄布局规划中除了分析现有居民点的人口构成、建筑质量、地理位置、资源条件等因素外，还应从乡村文化保护的角度进行充分考虑；此外，影响村庄空间分布的因素还涉及邻里关系、农户思想观念、宗族势力等深层次社会因素（肖文韬，1999）。

② 村庄空间分布与自然地理条件、社会经济发展要素间的定量分析

在不同区域经济社会环境和自然环境条件下，村庄空间分布存在很大差异。随着经济社会的发展，各种因素对村庄空间分布的影响程度也发生着不同变化。近几年，国内学者对村庄空间分布的定量研究取得了一定进展，研究方法多集中在遥感、GIS 技术的空间应

用等，研究手段相对先进，研究尺度相对宏观。梁会民等（2001）以聚落地理学理论为依据，借助地理信息系统技术，采用空间定量分析方法，在城市之星（Citystar2.0＋）软件支持下，提取董志塬居民点分布信息，得出形成董志塬居民点分布的主导因素是地形地貌，地形地貌的均一性决定了布局的随机性。王春菊等（2005）利用 GIS 技术定量分析了福建居民点分布与海拔高度、土地利用、道路网、河网、与海岸线距离的关系。董春等（2005）在基于图斑的地理因子库基础上，通过样本采样、数据预处理、建立 Poisson 对数线性模型、模型估计、统计检验和假设检验等一系列处理过程，研究全国范围内居民点个数与地貌类型、表土质地、高程带、土地利用类型等地理因子的相关关系，定量揭示了地理气候条件对居民点分布的影响。在近期研究中，也有学者开始对影响居民点分布的社会经济要素进行量化分析，深入了村庄空间分布的系统研究。姜广辉等（2006）以北京山区为研究区域，研究了山区村庄分布及其变化与该区自然环境、生产环境和社会经济环境三要素间的相互关系。结果表明，北京山区村庄分布格局受坡度、高程、农用地以及城镇和交通道路等自然环境、生产环境和社会经济环境的综合影响，但其分布变化更多地与农用地距城镇的距离和交通条件紧密相关。

（2）村庄的变化研究

村庄是一个持续变化的动态单元。尽管一些地方的村庄在很长一段时期内相对稳定，但其区位条件也会因受到不同因素的影响而发生改变。正确分析这些因素的存在，能够在较长时期内探寻村庄空间分布演化的规律，进一步揭示人类活动与居民点形成演化之间的作用机制。

Michael（2003）定性概括了影响村庄区位变化的一些主要因素：①生存性的不合理影响。②新技术的出现或新农业资源的出现影响到生产方式的转变，进而促使从事此类农业活动的村庄重新布局。③人口的增长和家庭规模的扩大增加了农户的居住需求，导致村庄外延式和内生式的空间变化。④农村周边土地使用类型的转化。⑤出于政策或经济原因的政府行为影响。此外，还有一些学者从不同角度对影响村庄区位变化的因素进行了实证分析，主要集中在以下几个方面：①生产方式的转变促使村庄重新布局。例如，Gregory Veeck 对南京周边村庄的研究发现，轻工业的出现、工业和城市商业的进入会促进郊区村庄重新选址定位（Knapp，1992）；Rita 和 Bernard 通过对台湾地区村庄的选址变化分析，发现经济结构的转变与居民点分布演变之间存在一定的相互关系（Gallin，1974）。②出于政策或经济原因的政府行为影响。Lewis（1986）对 17 世纪到 20 世纪期间 Transkei 地区的村庄变化进行了分析，强调了政府行为对村庄规划的影响，指出，在 19 世纪，Transkei 地区村庄呈分散式的宅地形式，进入 20 世纪，由于政府行为（政府为了规划利用农村的土地和控制土地的退化），这些分散的宅地演变成为集聚型的村庄，期间有 75％的村庄被重新布局规划。Inge Thorsen（2002）在相对静态的理论分析之上，检验了村庄区位的变化如何受到交通设施的影响，通过模型分析解释了村庄分布的集聚和中心性倾向在很大程度上受到农村地区公共基础设施改革的影响，并指出交通基础设施的投资可以使农民从中受益，增强农民和工作地之间的联系，增加农民的工作机会。Knapp 等人分析了 1949 年后中国主要地区的村庄变化，强调了国家政策在村庄重建和村庄布点规划中的导向性（Knapp，1991）。此外，通过对浙江省村庄的研究发现，政策因素在一定程度上刺激了住房、辅助性工业生产以及一些在农村地区不常见的一系列服务设施的空间集中，从而进一步引起村庄选址发生变化（Knapp，1986）。③家庭经济收入的改变促使住房消费增加，进而改变村庄区位分布。例如，Vermeer 等人研究发现，20世纪 80 年代，农村居民的收入分化开始在中国农村地区逐步显现，与此同时，单个村庄内、不同村庄之间或者不同地区之间村庄空间分布的不均衡性也开始显现（Vermeer，1988）。

在自然状态下，村落的空间演化是一个较为漫长且平缓的过程，一般呈现向心性的集聚态势，但也会因周围的环境影响发生变化（马航，2006）。村落演化的内在动力是人口增长对空间的需求，并不断适应外在环境的变化而寻求突破。自然村落具有适应社会环境变动的能力，政治变动，朝代更替，大规模战争和自然灾害都足以破坏村落的演进（张小林，1999）。黄河三角洲近 20 年来村庄的景观变化表明，村庄景观格局最初与农业自然条件、开发历史密切相关；在其后的变化过程中，较多地受到经济发展、国家政策、人类活动和城市发展的影响（蔡为民等，2004）。有学者对 1979—1997 年晋中平原地区村庄的扩展研究发现，村庄扩展是人口增长和家庭规模变化、社会经济发展与收入增加、交通条件改善、农村地区工业化及其他因素共同作用的结果（冯文勇、陈新莓，2003）。数量庞大的村庄的扩展速度、规模和城市不相上下，呈现出扩散形态紧密型和扩散形态松散型两种类型。韩晓勇等以南阳市高庙乡为例分析了 1994—2004 年村庄分布演化的趋势，发现农村建设用地具有从集中向无节制分散方向发展的趋势，尤其是沿路发展的趋势明显，并在道路两侧形成了新的居民地（韩晓勇、辛晓十、杨杰，2006）。还有学者通过对农村聚落的调查归纳得出，中原地区农村聚落的演变主要有自发的演变、自发较有序的演变和快速有序的演变三种类型。自发的演变包括自然生长型和向耕地扩散型，自发较有序的演变包括趋向平坦地段和趋向公路两种类型，快速有序的演变多为具体规划方案指导下的村落新建和改建等（丁正勇，2007）。

（3）村庄的聚落形态研究

Michael Pacione 1984 年对农村聚落形态、聚落类型的分布进行了详细阐述，归纳了国外村庄的空间分布形态有规则型、随机型、集聚型、线型、低密度型和高密度型 6 种类型。村庄的分布形态受到各种因素的影响而产生差异。实证研究中，一些学者分析了自然、社会和经济等因素对居民点空间分布形态产生的影响。一种观点认为，土地的富饶程度是影响村庄空间分布特征的主要因素。例如，Michael 通过对欧洲不同地区的村庄研究发现，在村庄分布密度较低的地区，周围的自然环境也相对较差；反之，居民点周围多为优良土地（Michael，2003）。Hoskins 通过研究英国 Saxon 地区村庄发现，土地的富饶程度和先前居民点的类型影响了村庄当时的空间分布状态（Hoskins，1955）。Everson 和 Fitzgerald 通过分析不列颠地区圈地运动对当地村庄分布形态产生的影响，得出土地利用类型以及土地生产方式的变化可以影响居民点的分布状态（Everson and Fitzgerald，1969）。另一种观点认为，经济力量和政府行为可以改变居民点的分布形态。例如，Michael 通过对 20 世纪 60—70 年代不列颠（Britain）地区居民点的分布研究指出，居民点分布形态既可以受到经济力量的影响，也可以受到当地政府对所在地区村庄规划的影响，主要包括以下几种方式：通过发展当地集镇带动居民点发展，通过地方专门化发展形成中心村庄，通过政策限制个别村庄发展以及通过政策扶持所有村庄发展等（Michael，2003）。同时，还有研究从相反角度分析了居民点分布形态对农村地区社会经济发展的影响。Tabukeli（2000）分析了 Transke 地区农村零售交易商店与居民点分布形式之间的内在联系，指出，居民点分布在空间上的低效性使得农村面临着严峻的发展压力，分布离散的村庄使其中的零售贸易业发展受到了严重限制，进而阻碍了农村地区经济的多元化发展。Peter（2003）通过较长的时间跨度研究了南非 Qaukeni 地区村庄分布形态对农村地区基础设施、服务和发展机遇的影响。作者分析了村庄形态与基础设施可达性之间的关系，得出村庄分布形态与土地所有制度是影响农村地区基础设施配置的最重要因素。相关研究还进一步指出，随着农村人口向城市流动限制的减少以及城市化（外在拉力）的影响，农村人口流动呈现出向区域外流动以及向区域内部可达性更好地区流动的趋势。而在行政干预过多的地区，村庄分布形态的改变较少，这种状况进一步束缚了当地的发展。

国内研究主要分析一定区域内村庄的空间分布格局。在中观尺度的相关研究中，一些学者对特定自然环境条件下居民点空间分布特征进行了分析探讨。李瑛、陈宗兴（1994）较早对陕南乡村聚落的空间分布类型、规模结构、功能构成进行了分析。尹怀庭、陈宗兴（1995）对比分析了陕北黄土高原区、关中平原区及陕南山地区乡村聚落的密度、规模及分布形态。徐雪仁、万庆（1997）定量分析了洪泛平原农村居民地的空间分布规模以及居民地空间分布特征参数。王成、武红等（2001）以河北阜平县 5 条河流主流河谷为案例，分析了河谷内居民点的斑块特征和分布格局，得出居民点的面积与河谷面积、农田面积呈正相关，居民对河谷土地具有很强的依赖性。田光进（2002）以河北阜平县、武邑县，福建清流县、惠安县作为研究区，利用2000年TM遥感图像，通过解译、判读得到景观结构矢量图，然后利用景观生态学数量方法分析了研究区村庄的景观特征差异及空间分布格局。胡志斌（2006）等从居民点外在特征、离散程度等方面探讨了岷江上游居民点分布格局。

2.2　村庄空间演变的内生动力

综合国内外学者对村庄空间演变问题的研究，作者认为村庄空间演变的内生动力主要是经济发展水平的空间差异。

农村人口的流动特别是青壮年劳动力的流动具有明显的趋利性，即在自己能力能够选择的范围内，会向能够获得更大利益的区域迁移。城镇化进程的不断发展也是人口趋利性的重要结果；农村人口除了向城镇流动外，对于发展条件较好、就业机会较多、能够获得更大利益的其他农村地区迁移也是其流动的重要方向。人口流动必然带来空间的改变，人口流入地区的建设空间必然有所提升，人口流出地区即使建设空间没有在短期内减少，但其使用的力度也将大打折扣。因此，经济发展水平的空间不均衡是村庄空间演变的重要因素。

3　金坛市村庄布点规划实践

近年来，金坛市经济和社会发展取得了显著成就，人民生活水平日益提高，农民居住条件明显改善。但由于历史原因和旧的传统生活方式的影响，农村居民住宅建设多且布局散乱，矛盾突出，严重影响了土地资源的集约利用和基础设施的配套建设，制约了金坛市的可持续发展。村庄布点规划编制工作，是金坛市统筹城乡发展，全面建设小康社会的迫切需要。

3.1　金坛市概况

金坛市地处江苏南部，市域面积975.92平方公里，其中，农用地691.88平方公里，占70.90%；建设用地140.15平方公里，占14.36%；水域137.90平方公里，占14.14%；其他用地5.99平方公里，占0.6%。

金坛市域西部为南北走向的茅山低山丘陵，东部为长江三角洲西部的冲积湖积平原，平原区中央微凹，东西两侧微凸。境内沟河纵横，有长荡湖及钱资荡等湖泊水面。

2011年，金坛市辖7个镇、1个省级经济开发区：金城镇（城关镇）、薛埠镇、尧塘镇、直溪镇、朱林镇、指前镇、儒林镇和金坛经济开发区。

2010年金坛市村庄人均建设用地257平方米，远远超过人均130平方米的江苏省标准。

金坛市村庄分布具有明显的差异性。东部高亢平原区：村庄相对集中，呈团块状分布，分布密度 3.65 个/平方公里；中部圩田平原区：村庄大多依水而建，呈条块状分布，分布密度 2.98 个/平方公里；西部低山丘陵区：沿山脊、山谷呈散点状分布，规模较小，分布密度 1.65 个/平方公里。

3.2　基于村庄空间演变内生动力的村庄布点规划理念重构

在不受规划和政策干扰的状态下，村庄的自然发展规律通常为：经济的空间差异造成了人口的流动，随着处于经济落后地区村庄人口特别是青壮年的流出，部分村庄出现空心化，但村庄形态在一定时期内并未发生变化。这种情况下，将造成城乡建设空间的极大浪费。

而传统的村庄布点主要思路为，将分散的村庄进行相对均质化的空间集中，引导农村人口向城镇及集中居住点流动，形成集约化的建设空间。该思路虽能大大节约建设用地，但由于人口分布结果与经济空间差异不一定匹配，实际工作中容易出现难以推进的问题。

金坛市村庄布点规划进行了规划理念的重构：从村庄空间演变的内生动力出发，通过分析经济的空间差异，进行人口分布的规划，引导农村人口主动流动；同时通过空间差异的分析，对不同分区提出相应的建设控制目标和方案，避免实施难度过大，最终实现人口与经济的空间分布相匹配，以符合村庄自身发展的规律。

3.3　基于村庄空间演变内生动力的村庄布点规划体系构建

为了能够更加明确地引导村庄空间演变，金坛市村庄布点规划对规划体系进行了全面构建，分市域、镇域、村域三个层面进行引导。

（1）市域层面

首先，对人口分布、村庄用地、产业情况、物质及非物质文化遗存、特色景观等现状情况进行分析；其次，开展村民问卷调查，分析农民个人及家庭情况、住房情况、设施及人居环境情况、生活和生产意愿，总结当前农民生产生活方式发生的变化；再次，对上轮规划的编制及实施情况进行总结，最后确定村庄人口分布、村庄空间分布、特色村庄和生活圈模型。

① 村庄人口分布

一方面，通过空间评价方法，从经济基础、现状规模、设施配套、交通区位、资源禀赋等方面确定发展热点地区；另一方面，从生态环境角度确定市域村庄建设控制要求，进而确定乡村经济发展分区，指导人口空间分布。核心是以乡村经济重构为出发点，选择适于乡村产业发展的热点地区，通过产业发展政策植入，吸引人口主动集聚，特别留住部分青壮年，提升村庄活力。

② 村庄空间分布

现状村庄空间分布千差万别，若以统一的标准要求，会造成各地区实施村庄集聚的难度不一，同时也丧失原有的空间特色。因此，根据现状村庄集聚程度，合理确定村庄集聚目标是关键的一步。通过对村庄集聚程度的分析，提出用"集聚度"的概念对现状村庄集聚程度进行衡量，结合村民意愿调查，确定合理的集聚度提升幅度，测算出在理想空间模式下全市集聚度提升幅度值，得出集聚度提升幅度空间分布，进而确定村庄空间分布。

（2）镇域层面

① 规划布点及校核

采用"提出—修正"的方法，从宏观和微观两方面多轮校核确定最终方案。宏观方面校核包括集聚度提升幅度校核、相关规划要求校核以及耕作距离校核，微观方面校核包括高速公路、铁路、航道、水域等隔离因素，大型基础设施、公共设施建设项目因素，家族、血缘关系等社会因素。

② 设施配套及特色保护

进行基础设施和公共设施配套，保护耕地，节约用地，村庄选址与基本农田保护区协调。保护农村弱质生态空间，对自然湿地、野生物种及其生活环境、主要湖泊、水源地和其他生态敏感区等应划定保护范围，制订保护措施。

（3）村域层面

① 村庄规模

按照热点地区、一般地区和疏散地区的划分确定保留人口比例，综合考虑现状基础、村庄类型、发展条件，因地制宜确定村庄规模及合并自然村情况，满足公共设施配套要求。

② 村庄形态

根据村庄现状形态特征，分为保留点和集聚区两种。集聚区依托现有几个村庄，将其整合为一个相对集聚的空间聚落，能体现乡村空间集聚趋势，延续原有组团式空间特色和生态特色，减少撤并村庄，减低实施难度。保留点依托大村整治扩建，维持原有相对集聚的村庄布局形态。规划原则上依据现状村庄集聚程度的高低来控制形态，集聚程度高的村庄采取保留点控制形态，集聚程度低的村庄则按照集聚区控制形态。

3.4 基于村庄发展内生动力的村庄布点规划方法优化

（1）基于热点地区空间评价的乡村人口流动及分布引导

① 乡村人口流动规律

人口分布的基本特征为流动趋利性、从业趋同性、居住趋聚性。乡村经济发展空间的非均质性促进了农村人口的流动，导致了人口在市域空间分布的非均质性。为了合理规划人口空间分布，引导人口主动集聚，规划依据现状条件和发展潜力的差异，将金坛市域分为三类乡村人口分区：

热点地区：经济发展潜力相对较大的地区。该类地区由于具有较好的乡村经济发展基础和区位、资源条件，通过产业发展政策植入，其乡村经济的发展将更具优势，能够吸引人口主动集聚，特别是留住部分青壮年，提升村庄活力。

一般地区：经济发展潜力相对较小的地区。该类地区由于各方面条件劣于热点地区，农村人口流出的可能性更大，未来农村人口的保留比例也较低。

疏散地区：生态敏感性较高的地区。该类地区应当限制建设行为，保护生态环境，因此农村人口需要进行疏散。

为了合理确定人口分区，需要寻找经济热点地区的空间分布规律，对金坛市域空间经济发展潜力进行定量化的空间评价。

表 1　评价因素与评价因子

评价因素	因素说明	评价因子
经济基础	评价现状行政村经济规模和产业特色化程度	人均地区生产总值
		农民人均纯收入
现状规模	评价现状自然村建设用地规模	现状自然村建设用地规模
设施配套	评价现状自然村设施配套及周边辐射情况	基础设施
		公共设施
区位优势	评价自然村出行的交通条件以及自然村与城区、镇区的区位关系及其受影响程度	区位优势度
		交通影响度
资源禀赋	评价山水等自然资源、旅游资源拥有量情况	地均耕地面积
		地均水资源量
		旅游资源拥有量

② 热点地区空间评价影响因子的确定

规划选取对乡村经济发展影响显著的 5 项评价因素、10 个评价因子作为热点地区空间评价的主要影响因子。

③ 因子评分与叠加规则

采取区域赋值、网格赋值、线性扩散等多种方法确定各因子的评价值，通过量纲标准化将各因子评分值控制在 0—1 之间。再依据各因子对乡村经济发展贡献能力的差异，通过层次分析法进行权重的确定。

表 2　评价因子赋值方法

评价因素	评价因子	赋值方法
经济基础	人均地区生产总值	区域赋值（行政村）
	农民人均纯收入	区域赋值（行政村）
现状规模	现状自然村建设用地规模	网格赋值
设施配套	基础设施	网格赋值
	公共设施	网格赋值
区位优势	区位优势度	线性扩散
	交通影响度	线性扩散
资源禀赋	地均耕地面积	网格赋值
	地均水资源量	网格赋值
	旅游资源拥有量	网格赋值

表 3　评价因子权重确定

评价因素	一级权重	评价因子	二级权重	最终权重
经济基础	0.3	人均地区生产总值	0.4	0.12
		农民人均纯收入	0.6	0.18
现状规模	0.2	现状自然村建设用地规模	1.0	0.20
设施配套	0.1	基础设施	0.5	0.05
		公共设施	0.5	0.05
区位优势	0.3	区位优势度	0.4	0.12
		交通影响度	0.6	0.18
资源禀赋	0.1	地均耕地面积	0.3	0.03
		地均水资源量	0.3	0.03
		旅游资源拥有量	0.4	0.04

④ 评价结果

利用 Arcgis 软件的空间分析模块，对各因子的赋值结果进行评价因素的空间量化。

依据各因子权重对各因子图层进行拟定规则的叠加运算，可以获得热点地区空间评价结果。

图例
综合赋值
高
低

图 1　热点地区空间评价结果

根据评价结果，综合赋值较高的地区为热点地区，主要分布在金城镇南部、尧塘镇西部、朱林镇、儒林镇及薛埠镇中部。综合赋值较低的地区为一般地区，主要分布在金城镇北部、尧塘镇东部、直溪镇、指前镇南部及薛埠镇南部、北部。此外，生态保护要求较高的地区为疏散地区，主要包括天荒湖、向阳水库、长荡湖、钱资荡、茅东水库、海底水库及薛埠镇西部的茅东山地区。

（2）基于集聚度分析的村庄空间演变引导

① 村庄空间演变特征量化

村庄空间演变考虑自然格局、历史格局、当代农民的生产生活需要，依据现状村庄集聚程度合理确定村庄集聚目标，避免各地区实施村庄集聚的难度差异过大，影响规划的实施进展。

为了能够科学衡量现状村庄集聚程度的差异、确定村庄集聚的目标，需要对村庄的空间集聚程度进行量化。衡量村庄空间集聚程度的指标称为集聚度。

1）集聚度参数筛选

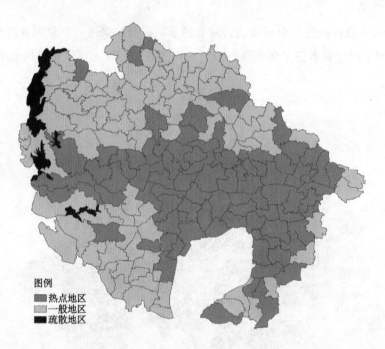

图例
热点地区
一般地区
疏散地区

图 2　人口分布空间分区

村庄在空间的集聚有如下特性：单位面积内村庄数量较少、规模较大、彼此距离较远，则用地集中在少数村庄的比例越大。据此，集聚度参数包括：

村庄平均规模（mean_area）：即单位面积内，村庄规模之和（sum_area）与村庄个数（n）的比值，该指标越高，集聚度越高；

村庄平均距离（mean_distance）：即单位面积内，村庄彼此之间的距离之和（sum_distance）与村庄个数（n）的比值，该指标越低，集聚度越高；

村庄规模首位度（primacy_area）：即单位面积内，村庄规模的最大值（max_area）与村庄规模之和（sum_area）的比值，该指标越高，集聚度越高；

村庄距离首位度（primacy_distance）：即单位面积内，村庄彼此距离的最大值（max_distance）与村庄距离之和（sum_distance）的比值，该指标越低，集聚度越高。

2）参数量化

村庄规模首位度和村庄距离首位度的数值在 0—1 之间，为此，需要对村庄平均规模和村庄平均距离分别进行最大值标准化，使其数值也在 0—1 之间。经过标准化后的这两个参数分别称为村庄平均规模指数和村庄平均距离指数。

根据集聚度各参数的重要性，运用成对明智比较法进行量化得到权重。

表4　集聚度参数权重

	权重
规模首位度	0.17
距离首位度	0.17
平均距离指数	0.33
平均规模指数	0.33

集聚度＝规模首位度×0.17＋距离首位度×0.17＋平均距离指数×0.33＋平均规模指数×0.33

3）集聚度量化

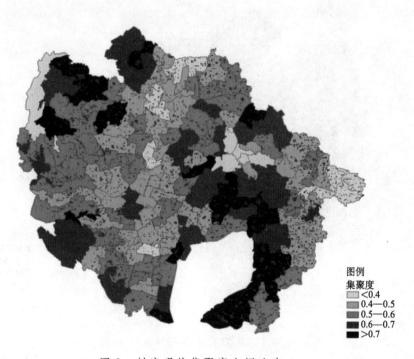

图3　村庄现状集聚度空间分布

在Cad平台下提取金坛市地形图数据、村庄居民点用地数据及行政村边界数据，通过GIS软件的数据处理，将收集的数据以面数据形式整理入库，根据权重进行叠加运算，获得集聚度值。

对金坛市村庄现状集聚度计算的结果显示，集聚度整体较低，且具有较大的空间差异。城区周边、儒林镇西部、薛埠镇北部集聚较高，其他地区相对较低。造成这一差异的结果，一方面是由于区域差异，即靠近城区的地区由于城区自身发展需求，且发展项目较多，因此村庄居民点相对较为稀疏；另一方面是由于地形差异，水网密集地区、平缓山地地区村庄分布受地形限制小而分散，集聚度相对较低，平原地区的村庄则较为集聚。此外，村庄集聚度可能还受到主要产业、经济发展水平、集中居住推动力度等因素的影响。

② 村庄空间集聚目标

根据村民意愿调查以及总体规划的人口预测结果，约有 63% 的村民不愿意进入城镇。不愿意进入城镇的村民中，有 57% 愿意搬到集中居住点。按此分析，未来村庄人口流动趋势为：37% 的人口进入城镇、36% 的人口进入集中居住点、27% 的人口在原村庄。村庄空间集聚目标依据人口流动趋势的理想分布状态测定。

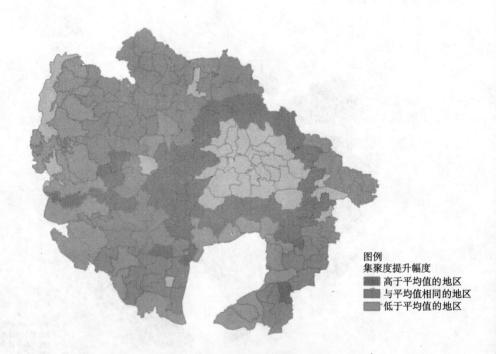

图例
集聚度提升幅度
　高于平均值的地区
　与平均值相同的地区
　低于平均值的地区

图 4　规划村庄集聚度提升幅度

③ 村庄空间演变分区

根据现状集聚度分布结果，综合考虑村庄空间演变的动力和趋势，金坛市域（不包括疏散地区、城镇规划用地布局区）分为三类区域：

提升幅度高于平均值的地区：包括城区、镇区周边地区、现状集聚度较低地区、发展热点地区。

提升幅度低于平均值的地区：包括现状集聚度较高地区、生态敏感度中等的地区。

提升幅度与平均值相同的地区：其他地区。

4 结语

金坛市村庄布点规划从村庄空间演变的内生动力出发，重构了以经济空间差异引导人口流动从而进行空间规划的村庄布点规划理念、构建了市、镇、村三个层面的规划体系，并通过经济热点地区空间评价引导人口流动、集聚度分析引导空间演变，探索了基于村庄发展内生动力的村庄布点规划方法，为该类规划的发展提供了一个新思路。

参考文献

[1] Everson J. , and Fitzgerald B. *Settlement Patterns*. London: Longman. 1969, pp. 10-40.

[2] Hoskins W. G. *The Making of the English Landscape*. London: Hodder & Stoughton. 1955, pp. 58-72.

[3] Michael Pacione. *Rural Geography*. London: Harper & Row. 1984, pp. 2-10.

[4] Knapp, Ronald G. , Shen Dongqi. Politics and Planning: Rural Settlements in Contemporary China. Berkeley: Center for Environment Design Research, University of California at Berkeley. 1991, pp. 1-45.

[5] Knapp, Ronald G. *China's Traditional Rural Architecture: A Cultural Geography of the Common House*. Honolulu: University of Hawaii Press. 1986, pp. 108-109.

[6] Roberts, B. K. *Landscapes of Settlement*. London: Routledge. 1996, pp. 5-9.

[7] Roberts, B. K. *The Making of the English Village*. London: Longman. 1987, pp. 2-10.

[8] Robert M. A Model for the Location of Rural Settlement. Papers of the Regional Science Association. 1972, pp. 88-104.

[9] 蔡为民、唐华俊、陈佑启、张凤荣："近20年黄河三角洲典型地区农村居民点景观格局"，《资源科学》，2004年第5期。

[10] 陈宗兴、陈晓健："乡村聚落地理研究的国外动态与国内趋势"，《世界地理》，1994年第1期。

[11] 丁正勇："中原地区农村聚落建设优化研究"，《甘肃科技》，2007年第6期。

[12] 董春、罗玉波、刘纪平、吴喜之、王桂新："基于 Poisson 对数线性模型的居民点与地理因子的相关性研究"，《中国人口资源与环境》，2005年第4期。

[13] 郭晓冬："黄土丘陵区乡村聚落发展及其空间结构研究"，兰州大学，2005年。

[14] 韩晓勇、辛晓十、杨杰："基于 TM 影像的农村居民地变化分析——以南阳市高庙乡为例"，《南阳师范学院学报》，2006年第6期。

[15] 胡志斌、何兴元、李月辉、胡远满："岷江上游居民点分布格局及影响因子分析"，《辽宁工程技术大学学报》，2006年第4期。

[16] 姜广辉、张凤荣、秦静等："北京山区农村居民点分布及其变化与环境关系分析"，《农业工程学报》，2006年第11期。

[17] 金其铭等：《乡村地理学》，江苏教育出版社，1991年。

[18] 李君："农户居住空间演变及区位选择研究"，河南大学，2006年。

[19] 李英、陈宗兴："陕南乡村聚落体系的空间分析"，《人文地理》，1994年第3期。

[20] 廖荣华、喻光明、刘美文："城乡一体化过程中聚落选址和布局的演变"，《人文地理》，1997 年第 4 期。

[21] 汤国安、赵牡丹："基于 GIS 的乡村聚落空间分布规律研究——以陕北榆林地区为例"，《经济地理》，2000 年第 5 期。

[22] 唐燕："村庄布点规划中的文化反思——以嘉兴凤桥镇村庄布点规划为例"，《规划师》，2006 年第 4 期。

[23] 田光进："基于遥感与 GIS 的 90 年代中国城乡居民点用地时空特征研究"，博士论文，2002 年。

[24] 尹怀庭、陈宗兴："陕西乡村聚落分布特征及其演变"，《人文地理》，1995 年第 4 期。

[25] 肖文韬、宋小敏："论空心村成因及对策"，《农业经济》，1999 年第 9 期。

[26] 徐雪仁、万庆："洪泛平原农村居民地空间分布定量研究及应用探讨"，《地理研究》，1997 年第 3 期。

[27] 王成、武红、徐化成、郑均宝、周怀军："太行山区河谷内居民点的特征及其分布格局的研究"，《地理科学》，2001 年第 2 期。

[28] 王春菊、汤小华、吴德文："福建省居民点分布与环境关系的定量研究"，《海南师范学院学报》（自然科学版），2005 年第 1 期。

[29] 王路："村落的未来景象——传统村落的经验与当代聚落规划"，《建筑学报》，2000 年第 11 期。

[30] 张文奎：《人文地理学概论》，东北师范大学出版社，1987 年。

[31] 张小林：《乡村空间系统及其演变研究——以苏南为例》，南京师范大学出版社，1999 年。

论中国城乡建设用地流转的本质与系统

叶裕民

摘　要　以增减挂钩形式推进的城乡建设用地流转是中国特色的城乡要素流动形式，是中国城镇化发展与保护18亿亩耕地双约束下的无奈之举，各地方政府实施效果千差万别。本文在分析城乡建设用地流转基本背景的基础上，重点以观察成都实验为基础，提出城乡建设用地流转是以土地改革为核心的一系列改革，构建了包括人口流动、资本流动和土地流动在内的城乡多元要素流动框架，最后提出中国农村建设用地流转成败的六大关键要素。

关键词　城乡建设用地流转；要素流动；城乡一体化；成都观察

发展中国家最大的特点就是存在显著的二元结构：发达的现代部门与传统落后的部门并存，发达的城市与传统落后的农村并存。发展中国家谋求发展的主要任务就是实现结构转型与升级：扩大现代部门和城市的比重，减少传统部门和乡村的比重，同时对传统部门和农村进行改造并促进其现代化。因此，发展中国家结构转化包括两个方面：一是产业结构转化，即以非农产业为代表的发达部门比例不断提高，以农业为代表的传统低效率部门比例不断下降，并最终全面实现现代化；二是空间结构转化，即以城市为代表的高品质空间不断聚集和扩张，以农村为代表的低品质空间逐步缩小，最终全面实现一体化。发展中国家结构转化的过程自始至终伴随着要素在部门之间和地区之间的流动和重组，一方面，在市场机制的作用下，劳动力、资本和土地以高效为导向在部门和地区间转移；另一方面，政府的公共财政资金则以公平为原则在区域和城乡间提供均等化的公共服务。正因为如此，在高级发展经济学中，转移经济被称作发展中国家发展的主要动力。

城乡之间的要素流动包括劳动力、人口、资本以及土地在城乡间转移。近年来，中国城乡要素流转过程中，一种在发达国家是不曾有过的，也是发展经济学所不曾深入研究过的现象非常普遍地、大规模地存在，这就是城乡土地增减挂钩，也可称之为城乡建设用地流转，学术上可以称为建设用地开发权转移。

土地是农村居民生存的基本生产资料和生活资料（宅基地），中国的土地开发权转移对农村居民生活产生什么样的影响？中国的土地开发权空间转移与人口、资本的空间流动存在什么关系？成都是全国较大规模开展农村土地制度改革和农村集体建设用地开发权转移的城

作者简介

叶裕民，中国人民大学城市规划与管理系主任，教授。

市，并以此有效带动了农村现代化进程。本文试图通过对成都的观察进行理论思考。

1　城乡建设用地流转是城镇化和保护耕地双重约束下的无奈之举

中国城乡建设用地流转是同时满足促进城镇化发展和保护18亿亩耕地双约束下，满足城镇发展建设用地拓展需求的举措，是逼不得已而为之，但是，如果科学推进却又可以起到意想不到的多元效果，成为推进中国农村现代化，缩小城乡差距，促进城乡一体化发展的有效手段。

中国处于高速工业化、城镇化发展过程之中，以下三大原因决定土地供给成为影响中国未来一定时期内发展的关键要素。

1.1　中国城镇化发展可用耕地资源匮乏

2010年中国拥有耕地18.2亿亩。按照《全国土地利用总体规划纲要（2006—2020年）》，到2020年和2030年全国耕地应分别保持在18.05亿亩和18亿亩。以此计算，到2030年有2000万亩耕地被占用指标，相当于1.33万平方公里，按照1万人/平方公里的建设密度，可容纳1.33亿人进入城市。

1.2　中国工业化、城镇化客观上还需大规模用地

中国2030年总人口将达到15亿左右，城镇化水平规划70%，届时共计拥有城镇人口10.5亿。2010年城镇人口6.6亿，如果完成城市化规划，2010—2030年还将增加城镇人口3.9亿。按照1万人/平方公里的密度，需新增城市建设用地3.9万平方公里，相当于占用耕地5850万亩。如此，到2030年耕地将减少到17.6亿亩，18亿亩耕地红线将被突破。

1.3　中国城市平均土地开发强度已经达到很高水平，新增建设用地是必然要求

2010年中国全部城市建成区人口平均密度已经达到9927人/平方公里。显然，新增3.9亿城镇人口很难通过已有建成区集约用地的方式消化，新增城市建设用地是中国未来一定时期内全面实现工业化、城镇化的必要条件。

显然，18亿亩耕地保护政策与城镇化政策相互矛盾。面对矛盾，国土资源部目前是采取分配指标的行政办法限制城市用地扩张，导致了两大结果：一是富有竞争力又守规矩的城市的发展受到限制；二是用地指标不断被广泛突破，地方政府在"土地饥渴"中采用一切可用办法扩张城市用地，导致开发商囤积土地，城市盲目开发土地，土地低效利用现象各地均有发生，政策效果有违政策初衷。

保护耕地作为基本国策无疑是正确的。但是，工业化、城镇化作为国家现代化的两大基本路径，其发展需要扩张用地也是客观的，也必须得到满足。解决二者矛盾的潜力何在？所有的秘诀就在农村建设用地流转。

中国农村人均建设用地 200 平方米，相当于 0.5 万人/平方公里，只有城市密度的一半。如果使农村居民相对集中居住，则可以节约相应的土地用于城市发展的需要。果能如此，可以在保障耕地不减少、建设用地不增加的前提下，通过农村建设用地的高效集约利用和农村建设用地开发权转移，保障中国工业化、城镇化对土地扩张的合理需求。

正因为如此，国土资源部在成都等城市自发率先实验的基础上，于 2006 年开始首批城乡建设用地增减挂钩试点，2008 年试点省份推广到除了京、沪、津、新、藏、琼、港、澳、台以外的所有省份。该政策受到广泛欢迎。

中国城乡建设用地流转是中国地方政府在保护耕地硬约束下拓展城市建设用地来源的一大创举。如果科学实施，可以一举六得：第一，不减少耕地总量；第二，不增加建设用地总面积，通过建设用地的开发权转移增加城市建设用地；第三，乡村居民人居环境得到大幅度改善；第四，城市边远地区居民也可以分享城市土地增值收益，这是世界城市化史上不曾有过的；第五，推进乡村农业规模经营，提高农业产业效率，缩小城乡差距；第六，逐步建立统一的城乡土地市场，进一步完善社会主义市场经济体制。

如何赢得城乡建设用地流转的多元经济社会效应呢？关键的问题在于要跳出就土地论土地的逻辑，把建设用地流转作为一个促进农村现代化发展的突破点和抓手，以土地流转为核心建立城乡人口、资本、土地同步流转机制，并构建农村现代化的整体优化系统，包含就业、社会保障、人居环境建设、农村现代化、农村基层民主等多领域同步优化。

2　城乡建设用地流转是以土地改革为核心的一系列改革——基于成都观察

土地是农村发展的核心资源，土地流转牵一发而动全身。因此，纵观中国土地流转的地方实践，凡是立足农村发展和农民获益而推进土地流转的城市乃至单一项目都赢得群众欢迎，凡是为了城市土地指标而简单把赶农民上楼的做法，都或多或少地留下后遗症。

成都在推进统筹城乡发展过程中建立了要素有序流动的体制和机制，与中国其他地区相比较，其最大的亮点在于形成了一整套促进人口、资金和土地在城乡之间有序流动的体制机制，使得相互之间多元协调，城乡各相关利益阶层都在要素流动中得到发展，赢得"帕累托"改进。成都的城乡建设用地流转始终围绕一个根本的核心：还权赋能，归还农民和村集体土地所有权和使用权，赋予其在统一规划和市场体制下自主发展的能力，以此促进农村现代化,最终实现城乡一体化。我们将此界定为中国城乡建设用地流转的本质。

2.1 城乡之间要素流动的阶段性与机制

成都在统筹城乡发展过程中要素流动机制的形成过程大致可以分为两个阶段:

第一阶段:2003—2007 年,以农村人口进入城市和财政资本进入农村为主要内容的城乡要素初步融合。

(1)通过户籍制度改革,以就业和社会保障为基本条件,推进人口和劳动力在城市与乡村之间的自由迁移,快速促进了城镇化进程,并大幅度降低农村的劳动力及人口压力,为第二阶段的农村土地资源整合及土地规模经营奠定了基础。

(2)通过建立规范的财政转移支付制度,公共财政投资大规模向农村地区倾斜,初步建立了城乡公共服务均等化制度。农村公共服务均等化起到了两个作用:第一,在短期内大幅度提高农村居民享受公共服务的水平,提高农村居民的福利,有力推进城乡之间的社会公平,广泛受到农村居民的欢迎;第二,大幅度改善了农村地区的人居环境,增强了农村地区的吸引力,在有就业机会的前提下使得更多的人愿意留在农村,减轻城镇化过程中的人口压力,同时增强了农村对城市社会资本的吸引力,有利于促进社会资本进入农村,促进农业现代化进程。

第二阶段,2007 年以来,以农村建设用地流转为核心的多要素协调流动。

图 1 显示了 2007 年以来成都深化改革中逐步形成的城乡要素流动的主框架,该框架显示成都统筹城乡发展要素流动由以下四部分组成。

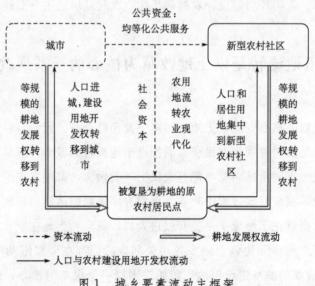

图 1　城乡要素流动主框架

2.2　资本流动（虚线指向箭头）

统筹城乡发展过程中的资本流动主要分为两个方面。

（1）在第一阶段的基础上，城市公共财政资本仍然持续进入农村，特别是新型农村社区，初步建立了城乡基本公共服务均等化格局。

（2）社会资本大量进入农村发展现代农业以及进行农村土地综合整治。

社会资本进入农村发展现代农业有两大前提：农村人口大量进入城市就业，他们愿意将承包经营的农业用地租赁给农业企业；农村现代农业的发展增加了农村中非农产业的就业需求，留在农村生活的农村居民可以在农村的非农产业就业，他们也愿意将土地租赁给企业，从而赢得就业工资和土地租金双份收入。

社会资本进入农村开展土地综合整治有三大前提条件：农村土地综合整治项目符合规划，并在政府相关管理部门立项；农村集体建设用地完成确权，具有可流转性；社会资本与村集体充分沟通，并形成土地整治流程及利益分配合约。社会资本完全按照土地整治规划及合约完成企业化操作过程：建设新型农村社区及其配套工程，对原有建设用地复垦，并形成富余建设用地开发权转让指标，该指标进入农村产权市场交易，交易所得成为企业完成土地整治全过程的成本补偿和盈利来源。

在区位条件较好、可以发展乡村旅游和服务业的村庄，整理出来的农村富余建设用地开发权通常并不转让到其他地区，而是由村集体直接以地入股，企业投入运作资本，企业与集体之间组成股份合作公司，共同发展乡村非农产业。这是农村结构调整、推进农村产业现代化的重要内容。

2.3　人口流动（黑色指向箭头）

统筹城乡发展过程中的农村人口流动包括两个方面。

（1）劳动力与人口大量地向城市迁移，包括向中心城市、县城和镇迁移。人口向城市迁移的主要动机是就业和收入。成都市为农民向城市迁移做了四大准备条件：第一，放宽经济管制，培育市场机制，促进中小企业发展，扩大各级各类城市就业机会；第二，促进城乡教育与社会保障均等化，特别是将职业培训服务市场拓展到农村社区，大幅度提升农村居民在劳动力市场的竞争力，极其有效地推动和促进了农村人口进入城市；第三，成都六次户籍制度改革为城乡之间人口迁移扫除了制度障碍，形成了公平有序的人口流动机制；第四，成都农村产权制度改革以及土地流转为农民规范有效地退出农业提供了可行的和受欢迎的条件。成都市 2003 年到 2010 年城镇化水平由 48% 快速提升到 65%，城镇化速度每年平均提高 2.43 个百分点。劳动力和农村人口大量向城市迁移是最主要的推动力。

（2）农村人口居住地由分散向适度集中的新型农村社区和新型城镇社区迁移。至2011年底，成都市依托土地综合整治、征地拆迁、灾后重建、林盘整治等工作，累计已按照规划建成新型农村社区和城镇社区1613个，完成建筑面积5300万平方米，142万农民生活居住条件得到改善①。

成都短期内大规模建设新型农村社区有两个基本目的：一是通过转移农村建设用地开发权促进土地的集约利用，弥补城镇建设用地指标不足；二是大幅度改善农村人居环境，提升农民生活质量，促进农村现代化进程。

成都的农村居民之所以在短期内实现了大规模向新型社区搬迁集中居住，是因为具备了如下条件：

第一，新型农村社区公共服务和基础设施齐备，包括学校、幼儿园、社区医院与卫生服务、上下水设施、图书室、公共广场、社区商场、道路及公共交通、垃圾的收集与处理、小型绿地、体育设施等等，农村居民生活空间的环境质量发生了质的飞跃（图2），这是新型农村社区广受欢迎的最重要原因。

图 2　成都郫县战旗村公共配套设施一览

第二，事先做好农村产权制度改革，农村居民原居住地的各类利益受到保护和提升。

第三，农村的耕种方式发生重大变化，大量耕地通过流转由企业经营，或者农业的社会化服务程度大幅度提升，农业耕种完全依靠农民手工的比例大幅度下降，农民逐步转化为农村农业或者非农产业工人，或者农业的经营管理者，加上农村道路改善，以及摩托车成为农民主要交通工具，耕种半径可以大幅度延长。

第四，自由选择居住方式。成都新型农村社区规划建设方案由村居民讨论，自由选择。除了建筑风格以外，最受欢迎的选择内容是统规自建和统规统建。统规自建是统一规划自主建设独立的二层小楼（图 3 左），一般适合于愿意补贴部分资金的居民；统规统建是统一规划政府出资统一建设多层住宅，居民免费入住（图 3 右）。

图 3　郫县战旗村新型农村社区统规自建住宅（左）、统规统建住宅（右）

以上述四大条件为前提的新型农村社区建设广泛受到农村居民欢迎。图 4 为 2011 年 11 月 13 日，成都一社区庆祝和谐搬迁，特置坝坝宴 50 多席，全社区居民同庆乔迁之喜。

图 4　成都某新型农村社区为庆祝搬迁置办坝坝宴 50 桌（2011 年 11 月 13 日）
资料来源：成都市井生活剪影（组照）http://k.ifeng.com/218210/6038183。

2.4　农村集体建设用地开发权流转（黑色指向箭头）

农村集体建设用地流转与农村人口流动在空间上呈现出基本相同的流向，因此用一个流向图表达，但是二者的流动在时空上是相互独立的。

统筹城乡发展过程中的农村建设用地开发权流转特指农村建设用地通过土地整治成规模地发生市场化交易，由分散占有和使用转向集中经营和居住的过程。

农村建设用地开发权流转是通过促进分散居住的农村居民集中居住，节约建设用地，进而将节约的建设用地开发权通过市场出让到城市发展非农产业（房地产除外），农村集体赢得货币收入的过程。

图 5 显示了在原野中分布有城市和 3 个乡村，发生农村建设用地流转。规划将 A、B、C 三个村庄居民集中居住在原来的 A 村庄，在 A 村按照城市社区标准建设农村新型社区，节约一半的建设用地，即 20 公顷，在农村产权市场上出让到城市，成为城市的建设用地，而原来的 B、C 两个村庄的建设用地复垦为耕地。可见，在此过程中，农村集体建设用地流转分为两类。

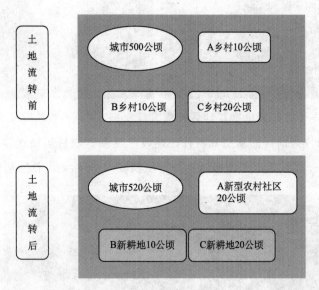

图 5　土地流转前后建设用地和耕地的空间位移

（1）空间流转。集中居住在空间上表现为由分散到集中，所有权和使用权不变，使用量减少。一般而言，成都农村分散居住建设用地是人均 140 平方米，集中居住以后农村新型社区综合建设用地一般是人均 55—75 平方米，通过集中居住可以人均节约 65—85 平方米的建设用地。

（2）开发权流转。将集中居住后节约的建设用地开发权通过成都市、县农村产权市场转让给城市（镇）中需要建设用地的发展商，农村集体赢得货币收入。这就是农村建设用地开发权转移。

在成都，土地开发权转移可以有三种方式：第一，直接转让给挂钩项目的城市政府；第二，通过农村产权市场转让给城市土地使用者，这是规模最大的转让方式；第三，通过市场就地转让给开发者，或以地入股，发展现代农业和服务业。

至 2012 年 7 月，农民通过各类集体建设用地使用权交易获取收益达 18.81 亿元，全市建设用地指标成交总金额 59.42 亿元[②]，吸引数百家企业、300 多亿元社会资本投入到农村土地综合整治中。

2.5 农村耕地发展权流转（空心指向箭头）

中国开展农村综合整治的主要目标之一是保护耕地。在耕地不减少、建设用地不增加的前提下开展城乡建设用地增减挂钩政策。因此，农村伴随着农村集体建设用地流转的还有农村耕地发展权的反向空间位移。

农村耕地发展权流转的实现流程是：原农民居住用地全部复垦为耕地，所有权不变，就原居住地而言，意味着耕地数量上增加了，但实际上这是耕地发生位移的结果，其位移的方向与集体建设用地正好相反，由两部分组成：一部分是新型农村社区建设用地所在空间的原有耕地发展权位移到此；另一部分是购买了农村建设用地开发权的城市，在建设用地落地后，所在区域的耕地发展权空间位移到此。通过两类双向平衡，做到在复杂的农村土地整治过程中，在数量上耕地不减少，建设用地不增加，但是耕地和建设用地都发生了空间上的反向重组和调整，分别形成建设用地和耕地的规模化、集约化发展。至 2011 年底，成都土地规模经营 50 亩以上的农业企业、专合组织、种植大户等业主总数达到 12 149个，农业产业化经营带动农户面达到 80%。

需要指出的是，中国的征地制度是一种特殊农村土地流转制度。征地制度是指"国家为了公共利益的需要，可以依法对土地实行征收或者征用并给予补偿"③。当国家征用农村土地时就发生了农村土地流转，被征用的土地由农村建设用地或者耕地性质转向非农业用地，所有权由集体转化为国家所有，由所在城市政府执行。征地是迄今为止最重要的农村土地流转途径。

伴随着统筹城乡发展的需要，特别是伴随着中国土地制度的进一步改革，中国将会逐步"改革征地制度，严格界定公益性和经营性建设用地，逐步缩小征地范围，完善征地补偿机制。……逐步建立城乡统一的建设用地市场，对依法取得的农村集体经营性建设用地，必须通过统一有形的土地市场、以公开规范的方式转让土地使用权，在符合规划的前提下与国有土地享有平等权益。"（中共中央关于推进农村改革发展若干重大问题的决定，2008）因此，上述通过市场推进的要素流动将成为中国城乡土地流转的主体形式和路径。

由上述分析可以清楚地知道，中国统筹城乡发展过程中要素流转包括土地、资本和劳动力，土地又包括建设用地和耕地。但是，四个部分的要素流转都互相依存，互为前提，全部流转过程都是在统筹城乡发展统一规划指导下，以推进农村现代化为立足点，以城乡一体化为目标推进，从而成为实现统筹城乡发展的有效手段。

农村建设用地流转，在一些地区备受争议，遭到当地百姓的反对，甚至于爆发严重的群体性事件；在另一些地区则受到百姓欢迎，在提升农村居民生活质量的同时，也大幅度推进工业化、城镇化进程，成为全面促进农村现代化的主要突破口。为什么同样的事情导致截然不同的结果？

3 中国农村建设用地流转成败的六大关键要素

我们通过考察对比成都、嘉兴等地统筹城乡发展和农村土地流转的做法，得出结论：要合理推进农村建设用地流转，并得到多方共同受益的结果，达到"帕累托"改进，农村建设用地流转需要具备以下六大条件。

第一，充分沟通，尊重群众意愿。即便是一个有利于群众全面发展的规划，如果执行得过分强硬，群众不了解政府意图，不知道搬迁前后的各种情况比较，好事也会变成坏事，群众会由于不了解、不理解产生疑惑甚至于愤怒，进而爆发群体性事件。《易经·泰象·传》有曰："天地交而万物通也，上下交而志同也。"充分交流是形成共识的前提。另一方面，如果百姓非常了解前因后果，仍然不愿意变迁，则一定要尊重百姓意愿。是否搬迁，百姓是有权利自己决定的。强迫群众搬迁是土地流转过程中产生冲突和群体性事件的第一原因。成都建立的基层民主治理机制，在农村土地流转中发挥了极大的促进作用。

第二，确权颁证，使土地具有可流通性。制度经济学的基本原理告诉我们：产权明晰是市场交易的基础条件。根据《宪法》和《土地管理法》的规定：农村的农用地可以在性质不变的前提下出租或者转让；城市规划区范围内任何单位和个人进行建设，需要使用土地的，必须依法申请使用国有土地；建设占用土地，涉及农用地转为建设用地的，应当依法办理农用地转用国有土地审批手续。也就是说，农村集体用地不能自由进入市场交易，是"死资产"。农村建设用地流转改革最大的进步意义就在于变"死资产"为"活资产"，将农村建设用地使用权还权到每一个农民手中，使每个农民清晰地了解自己有多少可流转的集体建设用地，并根据规划和市场决定是否流转。将土地使用权归还到每个农民手中，并赋予其流转和增值的可能性，这就是为什么成都将农村土地制度改革称之为"还权赋能"，土地在流转中能够为农民、为国家创造真正的财富。产权明晰使土地具有流转性，并保障流转过程不因产权而产生纠纷。

第三，建设用地市场活跃，农村建设用地开发权转让的价格足以弥补土地流转过程中的四大成本。农村建设用地流转是一个复杂的过程，其中包含了较大规模人口居住地迁移、原居住地复垦、农用地流转、建设用地流转并出让等经济社会过程。在整个过程中成本效益的经济学分析至关重要。在任何地区启动以建设用地流转为目标的土地整治项目，都必须满足一个前提：项目富余建设用地指标异地流转价格必须高于四大成本支出，即新型农村社区建设成本、农民搬迁补偿费用、原农村宅基地复垦费用以及就业培训和社会保障等费用，整个过程才可以启动。否则土地流转入不敷出，难以持续，并会引发巨大的社会问题。

目前，全国的土地增减挂钩引致的土地开发权流转包括非市场性流转和市场性流转。非市场性流转是通过单一增减挂钩项目规划实现，空间上一对一，流转价格由政府决定，土地整理各级政府层层主导，基本不存在土地开发权流转市场。市场性流转是指多个项目流转土地价格由市场决定，企业是主要的开发主体。全国的土地流转市场包括无形市场和有形市场，有形市场又分为县域有形市场和市域有形市场，到目前为止还没有全省的农村产权统一市场。

根据市场运行的基本规律，市场性流转效率高于非市场性流转效率，有形市场流转效率高于无形市场流转效率，大范围的有形市场效率高于小范围的有形市场效率。我们认为，为了避免全国发展区域差距扩大，中国暂时不宜建立全国农村产权市场的条件，但是，为了鼓励各省区城市群的聚集与发展，也为了提高农村建设用地开发权转移的市场效率，中国需要探索省级农村产权市场。

特别需要指出的是，为了满足中国城镇化发展过程中城市建设用地扩张的需要，无需对所有的村庄都进行这种成本高昂的改造。我们做过粗略统计：中国大概平均需要改造15.5％的村庄就可以满足中国城镇化水平达到70％时城市建设用地扩张的需要。各地应该因地制宜，制定各自的城镇化发展规划，以及与此相适应的村庄改造规划，并建立农村建设用地开发权流转市场。否则，如果开发过度，农村建设用地开发权市场供过于求，会导致价格下降，整个系统的循环难以为继。

第四，按照城市社区标准建设新型农村社区，城乡社区人居环境和公共服务基本无差异。在空间规划合理的前提下，群众是否搬迁，最重要的取决于新型农村社区的居住环境和条件。在土地流转的过程中改善农村人居环境是农村土地流转的主要任务和目标。成都在城乡基本公共服务一体化的前提下，按照"1＋21"的标准为新型农村社区配置社区服务，深受群众欢迎。我们走访的乡村中，有不少这样的情况，群众愿意搬迁的人数会随着新型农村社区建设的情况而变化。为此，成都新型社区的建设通常分为两期进行：当土地流转规划颁布初期，愿意搬迁的人比重一般在60％—70％左右，甚至更少。这时，成都尊重群众意愿，第一期一般以等于或者低于愿意搬迁者的人数配备新型社区住房；当看到新型农村社区建设得漂亮，公共服务设施建设按时按质完成，人居环境与城市社区媲美，搬迁的邻居也都很满意之后，愿意搬迁的人数快速上升，接近或达到100％，这时开始建设第二期，满足群众搬迁要求。在这样的情况下，群众会将土地流转当作是政府帮自己做好事而心甘情愿、兴高采烈地搬迁。极少数仍然不愿意搬迁者则可以留在原居住区。成都如此，嘉兴和苏州也如此。

第五，先搬后拆。建设好新型农村社区，并帮助群众安全迁移到新居后，再在群众同意的前提下拆掉原来的旧居住区。一些地区只顾拿到村庄聚居节约的土地指标，而不顾群众生活。给群众一笔"过渡费"让群众自己找地方过渡，新型农村社区迟迟建不起来。过渡期群众居无定所，带来大量的生活困难，解决不及时，通常成为群体性事件发生的原因。

第六，就业培训与农地出租流转。群众是否愿意搬迁直接与搬迁以后的就业、生活状态相关。成都作为大都市就业机会较多，成都又建立顺畅的就业培训激励和信息服务机制，使得希望进入城市就业的农民可以顺利地得到培训和就业机会。嘉兴的农民也因为大部分在城镇就业，使得搬迁变得容易。如果农民仍然完全以种地为生，农民大规模集中居住将使得耕种过程变得不方便和高成本，产生不满情绪。

4 结语

十八大报告明确提出"促进城乡要素平等交换和公共资源均衡配置"，并将其作为推动城乡一体化，完善社会主义市场经济体制和加快转变经济发展方式的重要内容。

农村建设用地开发权流转是探索同步推进城乡要素平等交换和公共资源均等化配置的有效手段，是中国特色的城乡一体化发展之路，虽然初期是基于推进中国城镇化发展和保护18亿亩耕地双约束下的不得已选择，但是地方政府在创新性地推进过程中，却使得该过程真实地成为促进农村现代化、农村生活质量提高的有效举措。目前对此全国各地仍然众说纷纭，实践过程及其结果也千差万别。希望本文抛砖引玉，与专家学者、官员一起实事求是地深化探讨中国特色的农村建设用地开发权转移的内涵、地位、路径，及其对中国特色城镇化发展的影响。

注释

① 在新型农村社区建设过程中，为提升建筑设计水平，成都市城乡建设委员会还在其网站建立了公开的"成都市农房设计方案图集库"，免费供全市选用。共包括 580 个农村聚居区（点）设计方案，含总平面布置、产业、交通及景观、单体设计的平立面图及透视效果图，约 1500 种可供选择的户型，各类图片约 14 000 张。

② 成都市统筹城乡综合配套改革试验区建设领导小组："成都市统筹城乡发展的探索与实践"，2012 年7月。

③ 第十届全国人民代表大会常务委员会第十一次会议，《中华人民共和国土地管理法》，2004 年。

法国乡村建设政策与实践——以法兰西岛大区为例

冯建喜　汤爽爽　罗震东

摘　要　本文在介绍法国乡村建设的历史过程中，重点阐述乡村功能的变化以及相应乡村政策的嬗变。并以法兰西岛大区（或称巴黎大区）为例，介绍都市区周边乡村发展过程中多样性功能的发展和基础设施建设，希望法国乡村建设的经验能够有助于中国的乡村发展。

关键词　乡村建设；职能；法国；法兰西岛大区

1　导言

现有介绍西方国家乡村建设经验的学术文献已有不少，但大都介绍这些国家某一方面的经验。如德国的土地整理（赵谦，2012），荷兰的高效农业（张玉等，2007），西班牙的农业保险制度（乌欲尔，2006），法国的农业合作社（石言第，2011），意大利的公共财政如何全面覆盖农村（丁国光，2007），英国的乡村规划（龙花楼等，2010），韩国的"新村"运动（杨贤智等，2006）和日本的"造村"运动（曲文俏等，2006）等。这些经验固然可贵，但大多从乡村建设的某一角度、某一方面和阶段对别国经验进行介绍，缺乏对乡村的整体认识，更没有从不同城镇化背景对城乡关系进行深入分析，对乡村的职能和组成元素进行深刻剖析。基于此，本文试图从城乡关系出发，从城乡职能分工的角度来审视法国乡村的发展、乡村的功能以及主要元素，通过全局性的视角解剖法国乡村，为中国乡村建设提供可以借鉴的经验。

2　法国乡村建设政策演变

2.1　法国乡村发展的背景

法国是一个农业大国。与其他西方大国不同，直到第二次世界大战后初期，法国还有近一半的乡村人口。而且，除巴黎以外，第二次世界大战对法国城镇的摧毁程度比其他国家都要严重得多，所以战后法国城镇的重建任务十分艰巨。二战后，法国经历了两个主要

作者简介

冯建喜，荷兰乌特勒支大学人文地理与规划系博士研究生；

汤爽爽，法国东巴黎大学巴黎城市规划学院博士研究生；

罗震东，南京大学建筑与城市规划学院副教授，注册规划师。

发展时期：①1945—1970 年（快速城市化时期），法国基本实现了工业化和农业现代化；②1970 年之后（稳定城市化时期），法国逐步进入后工业化社会，人们由对经济增长的要求逐步转为对生活品质的追求。法国在战后也经历了一个城市化高速发展的阶段（表 1），这一点与其他西方大国相比，更接近于中国现在的城镇化发展情况，其城市化进程以及在此进程中对乡村发展出现问题的解决措施和政策对当前中国的乡村建设也更具有借鉴意义。

表 1　法国城市化率（1950—2000 年）

年份	1950	1960	1970	1980	1990	2000
城市化率（%）	56	62	71	73	74	75

资料来源：INSEE。

2.2　法国城乡关系与乡村功能的演变

按照法国的统计方法，如果一个地方住宅之间的距离不超过 200 米，人口超过 2000 人，那么这个地方就是一个城市，而不考虑那里是否有一个核心，是否具有明显的乡村特征。法国乡村地区经历了五个发展阶段，对应着不同的时代背景（表 2），乡村的功能也发生着相应转变：由农业生产地向农民居住地，再向城乡互动的多功能地区（城乡居民居住、休憩、多种经济活动、景观和生态保护等）转变。

表 2　法国乡村发展演变

发展阶段	内容
1950—1960 年	迫切需要推进农业现代化、农业生产设施和农村基础设施的建设、完善
1960—1970 年	农产品基本达到自给自足，乡村除农业生产地、农民居住地外，逐步增加新的功能（如休憩、城市人居住）；郊区化、逆城市化现象开始出现
1970—1980 年	乡村普遍面临"土地荒漠化"和"逆城市化"两种现象；乡村特征逐步淡化（如小型商业、手工业、空间格局、文化等）
1980—1990 年	乡村空间亟须更新，新型乡村产生
1990—	乡村已成为包括生产和生活的多功能地区

资料来源：INSEE。

2.3　法国乡村建设政策的演变

战后法国的乡村政策和乡村规划带有鲜明的阶段性特征（表 3）。①二战后初期至 50

年代末，主要为促进农业现代化和农村基础设施建设；②60—70 年代，在上一阶段物质型规划的基础上，增加了社会、生态、旅游等方面的考虑，由全国范围普适性的乡村发展聚焦到扶持一些较为薄弱的乡村地区；③80 年代至今，伴随着地方分权和欧盟资金的介入，乡村地区的功能更加多样化，乡村政策和乡村规划也更加分类化、多元化。

表 3　法国二战后主要乡村规划、政策

名称	时间	涉及乡村的主要内容
莫奈规划	1947—1952	主要集中在农业机械设备更新上
第二次全国规划	1954—1957	提高农业生产率、组织农业市场；推动乡村剩余劳动力向工业部门转换
农业指导法	1960	把农业发展纳入整个经济与社会发展中，提出建立农业与其他部门"等价"关系；保护农民收入，建立土地与乡村整治公司；调整家庭农场规模结构等
乡村行动特别区政策	1960	为乡村设施提供贷款、资助乡村小型产业
农业指导法补充法	1962	建立农业结构行动基金，为退休农民发放退休金，改善对农村青年的培训，建立生产合作组织，加强与欧共体政策协调
国家公园	1963	严格保护自然空间
乡村更新区	1967	以消除隔离为目标优化基础设施，保持和优化公共服务和信息服务；优化劳动力培训；促进农业部门现代化；发展和优化乡村工业和服务业
山区经济区	1967	发展山区基础设施，实现农牧业生产现代化，植树造林，加强水土保持，保护森林资源，限制非生产性建筑占地，改善山区生活环境和保护山城等
区域自然公园	1967	保护自然空间，寻求乡村生活和城市休闲之间的平衡
乡村整治规划	1970	旨在推动乡村经济发展和优化乡村设施：社会经济发展（包括农业、林业、手工业、工业、住房、旅游等）；设备；保护乡村空间（通过土地占用计划）
土地占用计划	1970	明确土地功能区以避免农业空间被蚕食性开放
跨部乡村发展与整治基金	1979	主要包括四类优先项目：安置青年劳动力、复兴企业和开垦；保证农业和森林自然空间的管理；促进旅游潜力；发展通讯等设施

名称	时间	涉及乡村的主要内容
跨市镇发展和整治宪章	1982	给予市镇更大的自主权，包括乡村整治规划（经济、社会、文化等方面）
乡村发展规划、设施优化规划	80 年代	由欧洲农业担保基金（FEOGA）资助，主要针对发展较落后地区、山区等
乡村复兴区政策	1995	把乡村分为郊区乡村、新型乡村和落后乡村，针对不同类别给予不同的扶持
自然和乡村空间公共服务设施规划	1999	主要针对城市化地区扩张后的自然、乡村地区的可持续发展
优秀乡村中心政策	2005	主要目标为提升乡村空间的价值，包括提升自然、文化、旅游的丰富性；以可持续发展为目标，管理自然资源；为新驻人口提供服务；通过创新促进工业、手工业、地方服务业的发展

资料来源：刘健（2010），汤爽爽（2012）。

3　法国乡村建设实践——法兰西岛大区

3.1　法兰西岛大区乡村的特征

法兰西岛大区（l'Ile-de-France）俗称大巴黎地区，占地约 1.2 万平方公里，1169 万居民（INSEE，2008）。该区域以巴黎为核心，包括巴黎在内的 8 个省。尽管该大区有法国密度最高的城市化地区，但同时也拥有约占总面积 80% 的乡村空间和约占近一半土地面积的农业地区。

相对于偏远地区的乡村，法兰西岛大区的乡村带有大都市区乡村的特征：①具有相当范围的城市边缘地带。②与城市居民保持明显的互动关系，乡村的功能更加多元。首先，自 20 世纪 60 年代后期开始，一些城市居民开始追求乡村的自然、社会环境，郊区化、逆城市化成为一种趋势，独栋住宅、二套房的数量在乡村地区逐步增加；其次，人们富裕后对休憩、旅游提出更高的要求。根据 IAURIF（2003）所做的调研，在法兰西岛大区乡村居住的居民主要享受到"较高的生活品质"、"城市和乡村间的平衡"。这一趋势同时造成法兰西岛大区乡村地区人口职业构成的变化。根据 INSEE（1999）的人口普查资料，职业结构分别为：农民（2%）、自由职业者（8%）、管理人员（11%）、中等职业（23%）、

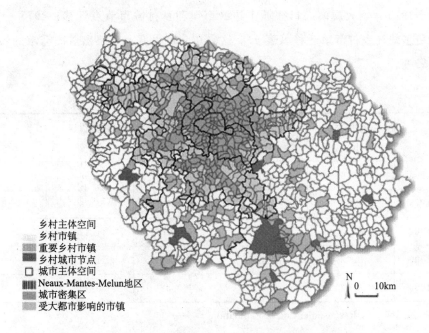

乡村主体空间
乡村市镇
重要乡村市镇
乡村城市节点
城市主体空间
Neaux-Mantes-Melun地区
城市密集区
受大都市影响的市镇

N　0　10km

图1　法兰西岛大区乡村空间及城市空间

资料来源：IAURIF，Atlas Rural et Agricole de l'ile-de-France，2004。

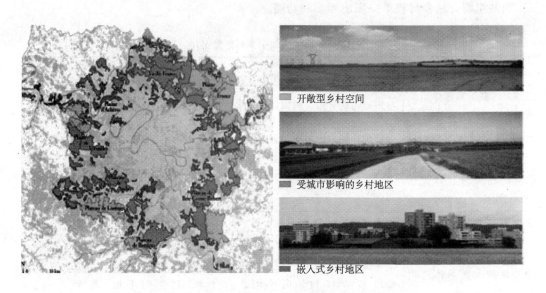

开敞型乡村空间

受城市影响的乡村地区

嵌入式乡村地区

图2　法兰西岛大区城市边缘乡村地区

资料来源：IAURIF，Le Paysage Dans les Espaces Agricoles Franciliens，Mars，2002。

工人（28%）和职员（28%）。而且，自 60 年代末开始，往都市区的人口迁移率已呈负值；1962—1975 年，大规模人口往城市边缘市镇和乡村城市节点迁移；1975—1999 年，人口开始更多地往乡村市镇迁移（表 4）。这也在一定程度上反映出居民需求的转移和乡村职能的转变。

表 4　法兰西岛大区各类聚落人口迁移率（%）

	小型乡村市镇	重要乡村市镇	乡村城市节点	城市边缘市镇	都市区
1962—1968	−0.07	2.08	2.37	4.54	0.38
1968—1975	1.87	3.22	0.80	4.19	−0.43
1975—1982	2.34	1.43	−0.70	1.11	−0.75
1982—1990	2.13	1.51	−0.18	1.02	−0.37
1990—1999	0.82	0.58	−0.48	0.13	−0.72

资料来源：INSEE, Resensement de la Population。

历次法兰西岛大区（或称巴黎大区）总体规划涉及乡村地区的内容（表 5），可以从另一角度反映城乡关系和乡村职能的变化：从城乡分隔（发展的城市、保护的乡村）到城乡空间共组织；从乡村较单一职能到多种功能。

表 5　历次规划中乡村部分

名称	内容
巴黎大区整治和整体组织规划（PADOG），1960	提出城市区界限，确定环境保护区域（如森林、农田、水源地等）
巴黎大区总体规划（SDAURP），1965	主要关注城市区和大型设施建设（如提出新城建设），对于乡村地区，提出乡村的休憩和居住功能（对城市居民而言）
法兰西岛大区总体规划（SDAURIF），1976	比 1965 年规划更严格的城市—乡村界线；提出绿带、自然平衡区的概念
法兰西岛大区总体蓝图（SDRIF），1994	更为精确的规划，更好地保护乡村空间；严格保护林地（边缘宽度 50 米）；地区自然公园成为一种保护工具
法兰西岛大区总体蓝图（SDRIF），2012	继续保护农业空间（包括大规模农业空间、城市边缘区和都市区内部的绿带）、森林和自然空间，组织城乡绿地和休憩空间；提出"连续"的概念，包括呼吸空间、生态连续、农业和森林廊道、绿色廊道

资料来源：INSEE, Resensement de la Population。

3.2　乡村地区建设的主要方面

根据乡村的职能和特征，当前法兰西岛大区的乡村建设主要包括两个方面：①郊区乡村：市镇的建设（尤其是居住区）需穿插农业生产区（如农田、森林等），从而使郊区乡村起到景观和自然保护的作用；②新型乡村：即多功能乡村，包括生产、居住、休憩、旅游、景观和自然保护等。针对前一类型，需特别控制土地的过度开发；针对后一类型，需要持续改善和提高基础设施、公共设施水平，以容纳新迁入人口。

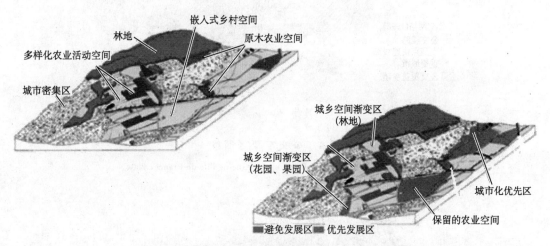

图 3　受城市强力影响的城市边缘乡村空间

资料来源：IAURIF，Le Paysage Dans les Espaces Agricoles Franciliens，Mars，2002。

3.3　乡村地区基础设施的完善

二战后法国在全国范围内开始建设和完善乡村地区的基础设施，经过几十年的建设和优化，城乡间生活水平的差距已不明显，如完善的水电网（自来水集中供应达到99%）、通讯网络、发达的交通网络等。在法兰西岛大区，目前已形成由地铁、区域快速铁路（RER）、郊区铁路、高速公路、国道、省道、市镇道和乡村公路组成的交通网络（图4、图5、图6），公交线路已覆盖大部分乡村地区；轨道交通以巴黎为中心向乡村地区延伸，连接绝大部分的乡村"节点地区"，并与乡村地区公共交通统一交通票；公共服务和基础设施根据人口密度差异和离城市的远近辐射乡村地区，公共服务还包括针对农业的教育、职业培训。

图 4 公交车覆盖网络

资料来源：IAURIF，Atlas Rural et Agricole de l'ile-de-France，2004。

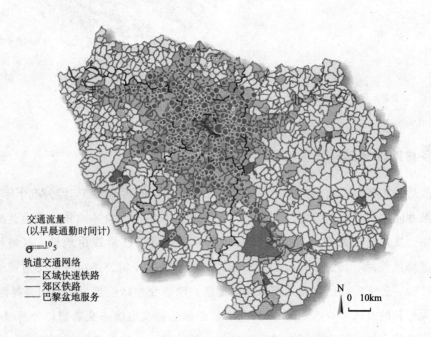

图 5 公共轨道交通线路

资料来源：IAURIF，Atlas Rural et Agricole de l'ile-de-France，2004。

基础型服务设施数量

距设施平均距离

图 6　公共服务和基础设施覆盖

资料来源：IAURIF，Atlas Rural et Agricole de l'ile-de-France，2004。

3.4　乡村空间的多样化功能

在法兰西岛大区的乡村空间建设中，首先，农业空间仍处于被扶持和保护的行列，农业除生产功能外（如给大都市区城市提供新鲜蔬菜、花卉等），还具有景观和生态保护等功能（区域绿色规划的结构包括：大都市区绿轴、大都市边缘区绿带、大都市区外围乡村绿环以及绿色联系带）（图7）。其次，提出"绿色旅游"的概念，把自然、文化空间与健康的生活方式相结合。大区拥有4个区域自然公园和众多公园、运动场所，以及一些文化型旅游资源（如城堡、名人故居、博物馆等），通过步行道、自行车道、观光水道相连接（图8）。另外，除乡村独栋住宅和二套房外，其他类型的乡村居住方式也得到鼓励，如农舍、家庭旅馆、露营等。

4　法国乡村建设的经验

法国乡村发展不同阶段呈现出明显不同的侧重点，这是与不同发展阶段的特点相适应的。但是，前期的发展也在一定程度上造成了后续发展的障碍或者资源的袭夺，很多后续发展往往是针对前期发展造成问题的补救。通过对法国乡村建设政策与实践的分析，基本

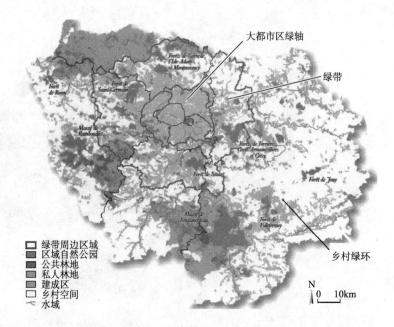

图 7　法兰西岛地区区域"绿色"规划
资料来源：IAURIF，Atlas Rural et Agricole de l'ile-de-France，2004。

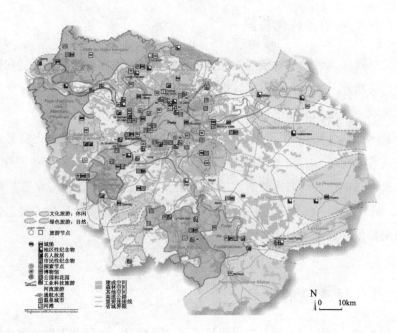

图 8　法兰西岛大区城乡旅游资源规划
资料来源：IAURIF，Atlas Rural et Agricole de l'ile-de-France，2004。

可以看到一些比较普遍的经验，也是中国正在实践中逐渐完善的。

（1）大都市区周边乡村功能的多样化是一种必然趋势，乡村建设需要尊重乡村的功能发展，关注城乡功能的互补。乡村经济的发展并不意味着牺牲生态环境和文化，很多看似矛盾的东西其实都可以统筹考虑并解决。西方国家的经验已经证明，把经济发展与其他"非经济"建设如生活环境、社会平等、尊重历史传统、多元文化等分开考虑的思维模式是错误的，这些方面已经成为一个区域全球竞争力的重要组成部分。要发展良好的经济，更需要有良好的生活质量，而良好的生活质量又要求有适当的自然、社会、政治和文化环境。把生活质量，特别是可持续性、平等和包容等问题提高到实现经济富裕的高度，是21世纪区域和城市发展的范式，以统筹的眼光看待乡村建设显得日益重要。

（2）基础设施是保证乡村居民享有与城市居民同样生活品质的核心内容，是乡村其他各项功能能够实现的根本。几乎在所有的西方国家中，基础设施都被给予最高的优先等级。道路是保证乡村同外部交流的必要条件，污水处理和垃圾回收是保证乡村整洁卫生的基础，安全设施（如消防）则是保障居民生命财产安全的根本。这些基础设施是促进乡村发展、维护乡村环境和保障高质量乡村生活以及实现乡村其他功能的基本保障。这些方面既是我国农村与西方国家农村最根本的差距，也是今后我国乡村建设需要进一步加大力度的方面。

（3）乡村建设需要规划的有效指导。规划能够统筹各部门的资源，进行统一的建设，而不是各个部门各自为政，缺乏统筹，造成很多不必要的浪费。法国各个时期的乡村建设都是在规划的指导下进行的，而我国现在的农村建设还存在"条块"上的分割。很多时候，农委、建委、林业局、水利局、交通局等都在同一个乡村做各自独立的专门规划，相互之间缺乏协调；一个区域内各个地方的乡村建设也缺乏统筹协调。这固然与现有的体制有不可分割的关系，但是统一的规划，协调各部门、各区域的利益应当是我们未来努力的方向。

当然，法国的乡村建设也并不是没有问题。相对于基础设施的完善，公共服务设施相对短缺的现象依然存在，大部分的乡村没有社区医疗机构、杂货店，近一半的乡村没有邮局，相当一部分乡村距离最近的公交车站在步行10分钟以上（叶齐茂，2008），等等。正基于此，欧盟制定了"2007—2013年农村发展政策"，重点就是乡村公共服务设施的提供和完善（罗震东等，2012）。

参考文献

[1] IAURIF，Atlas Rural et Agricole de l'Ile-de-France，2004。

[2] 丁国光："公共财政怎么覆盖农村——有关意大利农村的调查报告"，《村里村外》，2007年第1期。

[3] 刘健："基于城乡统筹的法国乡村开发建设及其规划管理"，《国际城市规划》，2010年第2期。

[4] 龙华楼、胡智超、邹健：“英国乡村发展政策演变及启示”，《地理研究》，2010 年第 8 期。

[5] 罗震东、张京祥、韦江绿：《城乡统筹的空间路径——基本公共服务设施均等化发展研究》，东南大学出版社，2012 年。

[6] 曲文俏、陈磊：“日本的造村运动及其对中国新农村建设的启示”，《世界农业》，2006 年第 7 期。

[7] 石言第：“法德两国农民合作组织发展对我国的启示”，《江苏农村经济》，2011 年第 1 期。

[8] 汤爽爽：“法国快速城市化进程中的乡村政策与启示”，《农业经济问题》，2012 年第 6 期。

[9] 乌欲尔：“西班牙的农业保险政策——建设新农村国外的借鉴之八”，《经济日报》，2006 年 10 月 26 日，A02 版。

[10] 杨贤智、骆浩文、张辉玲：“韩国‘新村运动’经验及其对中国新农村建设的启示”，《中国农学通报》，2006 年第 9 期。

[11] 叶齐茂：《发达国家乡村建设考察与政策研究》，中国建筑工业出版社，2008 年。

[12] 张玉、赵玉、祁春节：“荷兰高效农业研究及启示”，《农业经济管理》，2007 年第 3 期。

[13] 赵谦：“德国农村土地整理融资立法及对中国的启示”，《世界农业》，2012 年第 7 期。

南京乡村印象

童本勤　汪恋恋

　　南京，六朝古都、人文荟萃，悠久的历史文化和丰富的自然环境孕育了美丽的南京乡村。虽然社会的发展和城镇化进程的推进已使得传统村落的空间形态发生了很大变化，但目前南京乡村地区基本上仍呈现出自然风光旖旎、小桥流水人家、农田村落散布的总体景象，既为古都南京增添了清新风采，也是大都市人们洗练心灵的向往之地。通过此次乡村调查，我们对南京的乡村印象主要反映在以下几方面。

1　山水环绕的自然背景

　　南京境内山环水绕，既有山地丘陵又有河湖平原，自然风貌独特。江北老山层峦叠嶂、风光秀丽，六合北部丘陵围合、连绵交错，江宁的青龙山、牛首山蜿蜒起伏、遥遥相对，溧水低山盘曲、绿意葱茏，高淳水网纵横、河湖交错。滚滚长江从南京流过，形成的江北幅员辽阔的滁河平原和江南锦绣富饶的秦淮河平原是村庄的主要分布地。

　　南京的村庄选址基本与其所处自然环境有机融合，类型多样。按与自然山水的关系，可将村庄分为依山傍水型、依山型、傍水型、水网型和平原型。

2　形态各异的村庄布局

　　目前，南京的村庄大都以自然增长的演变方

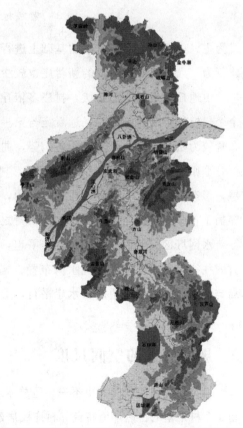

图 1　南京自然山水分布

作者简介

童本勤，南京市规划设计研究院有限责任公司副院长，教授级高级规划师；

汪恋恋，南京工业大学建筑与城市规划学院硕士研究生。

图 2 南京村庄与自然环境的关系

式为主，一般是在原有村落的基础上进行有机更新、逐步发展，很少有大拆大建的整体改建行为，人为大规模建设的新村庄也较少。

山地丘陵地区地势起伏，村庄多依丘傍谷，在山谷间沿路以散点式布局为主，形成一个个规模较小的建筑组群，远看宛若繁星点点洒落在苍宇之中。村庄整体规模较小，房屋布置较为松散、自由，道路顺应山势，曲折迂回。

平原地区地势平坦，用地较充裕，村庄的发展一般以现有村落为基础，逐渐向外扩展，形态以团块状为主。村庄规模较大，房屋布置紧凑，用地相对集约，道路多呈树枝状穿插于各个建筑群之间，并延伸到田野之中。

水网圩区河网密集，地势低洼平坦，河、湖、塘等水系穿插于村落之中。建筑的组合方式往往丰富多样，有围绕水湾布置、宛若自然港湾的水湾式；有由水面包围，犹如水中岛屿的半岛式；有与道路、水岸平行，形似"一条街"的水街式等多种类型。

3 规模宜人的空间尺度

南京村庄虽然规模大小不一，但总体来说，大多数村庄规模适中、尺度宜人，基本都保留了乡村聚落的自然环境特色。村庄民居建筑基本采用传统的前后院、主辅房相结合的布局形式，层数以两层为主，院落布置自由，街巷空间自然丰富。乡村的公共建筑以小商店为主，公共活动一般都结合水塘、村委会、宗祠、寺庙等建筑，充分体现村民的生活习俗。

安做农家燕，福在山水间。走在乡间小巷，品味多姿多彩的农家生活，总是让人意犹未尽。

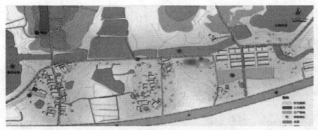

丘陵地区"散点式"布局(侯郢村)　　平原地区"团块状"布局(地溪村)

水湾式建筑组群　　半岛式建筑组群　　水街式建筑组群　　水网地区"带状、组团式"布局（太平村）

图 3　村庄布局类型与建筑组合方式

图 4　宜人的空间尺度

4　乡土文化的保持传承

南京是历史文化名城，印象中外围地区古村落较少。但通过此次乡村调查，却发现南京的乡村地区还有不少具有传统乡土文化的古村落、古建筑、古桥及许多人文民俗。南京的村庄犹如那淡淡的墨香，飘出油纸伞下一段理不清的唱腔，渲染了南京的历史和文化。

高淳漆桥村较为完整地保留了明清时期形成的老街格局、古建筑群、青石板巷道、拱形古桥及繁华的商业街氛围，让人不禁想到明清时期巷道幽静安谧与商业繁华热闹的场景；江宁湖熟杨柳村完整地保留了明清时期九十九间半等一批宅院式古建筑群，较集中地穿插点缀在依山傍水的自然村落中；江宁东山余村至今仍然与周边梯田和山水环境融为一体，完整地保留了明清时期潘氏住宅古建筑群和潘家祠堂，具有典型的徽派建筑风格。

江宁区湖熟街道杨柳村

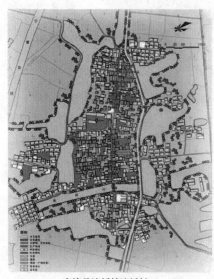

高淳县漆桥镇漆桥村

漆桥老街

潘家祠堂

图 5

很多村庄经过数千年的演变、更新，虽然没有完整地保留古村落的空间格局，也没有成片的历史建筑群，但对于祠堂、寺庙和古桥、古井、古树等特色资源点仍然保存较好，成为今天村庄的特色之处。如溧水陈家村的长乐古桥、特色建筑老油坊，溧水诸家村的诸家祠堂，高淳太平村的飞来寺，高淳武家嘴村的武氏宗祠、徐氏宗祠，高淳四园村的古戏台，江宁佘村的古井，浦口陈庄村的温泉等。

长乐古桥

太平村飞来寺

佘村古井

陈庄村温泉

图 6

走南访北，丰富多样的民间传说和迥然有异的乡村风俗让我们印象深刻，记忆犹新，印证了"五里不同风、十里不同俗"的说法。高淳县蒋山李家村流传的"双女坟"传说，高淳县漆桥村的"漆桥"传说，江宁区世凹村的"岳飞事件"，六合区东胡社区每年的"巡回船灯"演出，六合区竹镇镇的女子高跷舞龙表演，溧水曹家桥村、溧水诸家村、江宁杨柳村等每年举行的庙会活动等等，都传承着人们的生活习俗和精神信仰。

六合区东胡社区巡回船灯　　　　六合区竹镇镇女子高跷舞龙　　　　邻里乡情

图 7

5 环境整治的初见成效

过去一提到乡村居住环境，给人的印象便是"脏、乱、差"。然而，随着江苏"村庄环境整治"行动的推进，村容村貌和人居环境得到普遍改善。村庄的生活垃圾、生活污水、乱堆乱放、河道沟塘等得到有效治理，公共设施配套、绿化美化、饮用水安全保障、道路通达性得到极大提高，村民也养成了良好的卫生习惯，村庄逐渐成为干净、宁静、和谐的自然之乡。

村庄整治不仅改善了环境，还给村庄带来了活力，加快了村庄的经济发展，提高了农民的收入。经过整治的江宁区世凹村，一幢幢马头墙建筑矗立在牛首山脚下，高低错落，形态自由；节假日游客不断，农家乐生意兴隆；每栋建筑形式相似，又各具特色；村内处处散发着生态、自然的气息，生活在此，犹如世外桃源。

6 村领头人的作用

在村庄发展过程中，好的村领导、英明的决策往往决定了村庄未来发展的方向，这方面最为典型的是高淳武家嘴村。过去的武家嘴村非常贫穷，是石臼湖边的一个普通小渔村。改革开放之后，在村支书的带领下，开始在石臼湖边造小船，奠定了"造船业和水运业"的基础，后来发展到长江北岸乌江造大船，形成现代"船舶制造业—物流运输业—企业家"的发展模式，现在又准备搬迁到沿海地区造海船，将企业和产品推向世界。随着村庄集体经济的发展和壮大，村庄的建设也发生了翻天覆地的变化，从石臼湖边武家嘴第一代老村，到1993年村集体投入近千万元在老村西边建造的第二代新村（40幢农民别墅楼），再到2002年村集体投资亿元在高淳县城征地建设第三代武家嘴新村，村民已整体搬迁至高淳县城。目前，除少数老人不愿意离开石臼湖边老村外，大多数村民对搬到城里居住非常满意，都夸村领导带领大家致富有方。

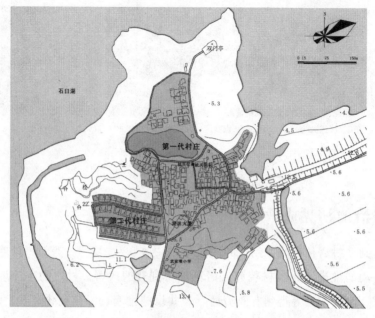

图 8-1   武家嘴村落演变过程

武家嘴第一代老村   武家嘴第二代新村   武家嘴第三代新村

图 8-2   武家嘴村建筑演变过程

　　乡村不同于城市，它脱离了城市的繁华和喧嚣，是繁华之外一片寂静的角隅。传统的乡村文化记载着村庄发展的历史，淳朴的民俗古风映射着朴实的农居生活。作为规划师，此刻深深感受到我们的责任是保护大自然的馈赠，守护乡村的那份宁静，传承历史文化沉淀而形成的乡村本土文化特色。

花果山乡　之贵之美

张青萍

连云港是江苏省最北的城市，和苏南的乡村相比其发展脉络不同，差异较大，对于生长在江南的我来说，从小就对小桥流水人家的江南水乡景致耳熟能详，对连云港的乡村状况却较为生疏，2012年因参加省住房和城乡建设厅的"江苏乡村人居环境调查"课题，经过大半年的实地考察调研，才形成深刻印象。这儿的村庄虽不及江南水乡那么古色古香、妖娆温存，但其气势酣畅、文化深厚，亦能使人在这自然景观与人文景观的磨砺中凝练出大气的情怀。

1　自然资源与历史渊源

花果山乡是著名旅游风景区花果山所在地，山脚下的村庄名"前云"。这一美丽乡村拥有丰富的历史与文化旅游资源，古建筑、古遗址、古石刻以及历代文人墨客的游踪手迹遍布山中。唐、宋、元、明、清先后在这里筑庙建塔，成为香火旺盛的佛教圣地，为海内四大灵山之一。明万历三十年，朱翊钧皇帝颁旨花果山中的主庙宇三元宫为天下名山寺院。清康熙皇帝亲题"遥镇洪流"四字镌刻在花果山主峰玉女峰上，以表对花果山神灵之敬仰。毛泽东生前酷爱《西游记》，特别关注过《西游记》中孙悟空的老家花果山，现花果山上镌刻的"孙猴子的老家在新海连市云台山"被立为"毛公碑"。

花果山景观特色鲜明，色彩迷离神奇。《西游记》里描述的花果山、美猴王、水帘洞以及神话中女娲补天遗留下来的娲遗石等种种神话和民间传说，将自然景观与人文景观一体相融，相得益彰，具有很强的感染力，让吾辈感叹遐想。

游览花果山四季皆宜，春来鸟语花香，夏日飞瀑急湍，秋季风景如画，冬日银装素裹。晴游花果山，登山远望（图1）：日出海上、风帆点点，使人顿觉"恍疑身世出尘寰"；雨登花果山：云山雾海、似入画图，如临琼瑶仙境。浓郁的自然风光与灿烂的历史文化，奇异的山水特色与多彩的神话传说，加之古典名著《西游记》中的精彩描绘，使花果山充满了神奇魅力。

作者简介

张青萍，南京林业大学风景园林学院副院长，教授，博士生导师。

前云村外有著名的海清寺阿育王塔（图2），是苏北地区现存最高和最古老的一座宝塔。塔内壁上的碑文记载，在唐代号称全国第二，可见此塔在我国的建塔史上有着重要的地位。阿育王塔始建于隋仁寿元年（601年），原为木结构，称"龙兴"，唐宋几经废兴，至元十二年（1275年）改建为砖塔。塔为圆锥体，佛教藏式造型。塔基平面为长方形，南北长50米，东西宽30米，高1.5米，塔建于塔基正中央。塔平面为圆形，砖砌，周长60米，高40米，作覆仰莲瓣及重涩混肚与方涩的须弥座式，雕刻着各种花饰、荷瓣和印度的"陀罗尼经"。塔身上施曲尺形弥座，座上承刹杆。原有砖作相轮十三层，两层已毁，上覆盖盘，中装金顶宝珠。整座塔造型秀美，雄健挺拔，雕艺高超，为我国密檐塔中之佳作。

图1　花果山　　　　　　　　　　　图2　阿育王塔

该塔位于花果山进山处的大村水库（图3）旁，自古就是云台山一个主要景点，明代名其"古塔穿云"，清代称作"塔影团圆"。其特点有五：一是历史古老；二是根深蒂固，经历过郯城1668年8.5级大地震的洗礼，至今不歪不斜；三是塔形壮丽，再经山光水色的映衬，彼此相得益彰；四是能看可登，游客有幸参与；五是含动人神话传说，倍增游兴。阿育王塔虽不属于前云村，但对前云村的景观格局产生极大影响，从村庄内部多处可借景宝塔。

前云村种植的云雾茶（图4），始于宋，盛于清，已有900多年的生产历史，曾被列为皇室贡品，为花果山主要名特产品。该茶生长在崇山峻岭之上，云雾缭绕之中，故名"云雾茶"。由于日照不多，生长缓慢，历来产量不高，更显珍贵。

据《云台新志》记载："宿城东起陶庵凤门口，西到西山，在十几里长的山场上，生长着大片茶树，称'茶山'，所产'云雾茶'形味似武夷小品，历史上曾有'龙团凤饼'之称。"正如民谣所唱："细篓精采云雾茶，经营唯贡帝王家"。《金史食货志》就有章宗承安四年（1199年）三月于海州（今连云港市）"置一坊造新茶"的记载。清光绪二十四年（1898年），沈云霈、宋治基等在籍士绅，集资开发云台山，兴办"树艺公司"，栽培云雾茶，所产茶叶曾获南洋劝业会奖。

图 3　大村水库　　　　　　　　　　图 4　茶园

自古道"高山出好茶"。云雾茶产于"四季好花常开，八节鲜果不绝"的花果山上，茶林多分布于海拔 500 米左右的低山缓坡。这里山势不高，濒临黄海，处于暖温带与亚热带的过渡地带，绿荫葱茏，山峰含黛，特别的地理纬度造就了四季分明、温度适宜、雨量适中、光照充足、昼夜温差大的气候条件，有利于茶叶内含物质的形成与积累，氨基酸、儿茶多酚类和咖啡因含量均较高。

2　村庄布局与建筑特色

前云村位于花果山乡东北部，距乡政府驻地约 6.5 公里，西邻大村水库风景区，南邻河西庄，东边与花果山景区相邻，区位条件优越，依山傍水独具特色，交通方便。村庄四周均为农业用地，种植小麦、水稻、果树、茶叶等。

村庄总面积 3 平方公里，其中耕地 150 亩。因位于山地，村庄布局随形就势，建筑布局依等高线走向依次排开，并顺应地形，向山谷方向延伸，道路亦依等高线而建。东面云台山上有石库门水库一座，一条小溪以其作为源头呈东西向从村中流过，高差较大，最后汇入大村水库；北面有另一条小溪从山上而来，亦呈东西向流经村庄汇入大村水库。两条小溪控制着村庄的布局，将村庄划分为北、中、南三个部分，加上山地地形的影响，村庄被分成八个组，西部为较平坦地段，并靠近大村水库，利于灌溉，大量生产用地分布于此。村庄自然格局山地特色突出，内部空间高差较大。

村庄建筑用地虽紧凑，但仍拥有特色的公共活动空间，如古银杏老君堂活动空间、知青大礼堂庭院等。

古银杏老君堂活动空间（图 5）是自然式小游园，内有一株千年古银杏（图 6），已被

定为连云港市古树名木加以重点保护，目前归花果山景区管理处管理。古银杏老君堂活动
空间是村民重要的公共活动场地，南有一片开阔水域，立于古银杏旁经过这片水面可远眺
花果山山景。老君堂活动空间场地地面为泥土质，树坛石质围边亦显破损，如此状况让人
更感村民活动与整体景观的朴实与素净。

图 5　老君堂活动空间　　　　　　　图 6　古银杏

知青大礼堂（图 7）与老年活动中心（图 8）、村部皆为 20 世纪 70 年代知青下乡时期
的建筑，虽已过去了几十年，却也完好，全无沧桑之感。这特有的"文革"空间顿时引人
遐想：火红岁月中那些纯朴的知青们一定在这里发生过许多炽热的、激情的、让他们毕生
难忘的故事。三栋建筑所围合的空间形成了一个公共活动场地，位于村中心地带，地势平
坦，位置优越，由于缺乏规划，更显得原生态一些。

图 7　知青大礼堂　　　　　　　　图 8　老年活动中心

村庄民居建筑分为行列式和组团式，东北部地势较为平坦，以行列式为主；组团式建
筑多分布于高差较大的地段，形成错落景致。居民住宅新老建筑并存，坡屋顶居多，占
80％左右。80 年代之前建的住宅还留有几栋，多属于家境贫寒人家，无力建新房而无奈

住旧屋的，这倒也让现在这些 80 后出生的学生们看到他们祖辈那代人年轻时的住屋状况；80 年代后的建筑有近百栋；90 年代后的建筑百余栋；2000 年以后的建筑数百栋。所有民宅以二三层建筑为多。

建筑风貌较有特色，外墙材质饰面风格看起来不甚协调，缺乏设计，却明显反映出乡民的质朴和自然，所谓的色彩协调在农村百姓那儿也许看顺眼就自然了，无需那么多的讲究。因为是山地，前云村民居建筑与周围山体关系较为密切，与水的关系也较为紧密，西邻大村水库，东傍沈山头，两条小溪连接山上的水库，水库边多有云雾茶场，共同构成了前云村的特色风貌、特色空间与特色建筑体系。

3　规划与发展

花果山乡有很好的发展空间。规划首先着力于控制村庄边界，限制村庄建设用地规模，处理好村庄与山体、水库的关系，不占用农地和水域，强化村庄绿化，形成"村在绿中"的布局形式。其次，重点保护老君堂、知青大礼堂等古旧特色建筑和庭院空间，进行保护和修缮，与村部、老年活动中心相连，成为可游可憩、可观可赏的特色村民活动空间。第三，着力保护千年银杏树，进行环境设计，并增加村庄绿化，营造缓坡亲水自然式驳岸。第四，规划建设"花果山茶文化园"，打造集茶品种观赏、茶旅游采摘、茶文化展示、茶产品展销为一体的乡村旅游发展模式，由原来单一卖茶叶向更有市场和内涵的方向发展。第五，依托前云村紧靠花果山景区的优势，开展农家乐餐饮、住宿等项目，建设无公害蔬菜基地，进一步做好农产品深加工。

4　结语

一方水土养一方人，花果山美名远扬，不仅仅因为它是《西游记》中孙大圣的诞生地，更因为这里自然景观特色鲜明，人文底蕴深厚凝重，是千百年来村民百姓赖以生存的土地。与江南古村镇不同，江南水乡有周庄、同里、甪直、朱家角、西塘、乌镇等数十个之多，但其格局和特色基本是一致的，而花果山乡的自然风景却是唯一的，所以更显其"之美"，人文历史脉络也是唯一的，所以更显其"之贵"。前云村代表了全国众多有历史渊源的美丽村庄，其"之贵之美"，是我们今天要格外关注的。过去的贵和美，我们今天仍要延续，应抓住时代的机遇，努力把村庄创建成可持续的宜居家园。